建設業許可を
すぐに
取得したいとき
最初に読む本

知識ゼロ
からでも安心、
わかりやすい
許可取得
マニュアル

行政書士法人スマートサイド
横内賢郎・橋本亜寿香 著

セルバ出版

はじめに　「建設業許可を取得したいとお考えの人へ」

みなさん、こんにちは。

行政書士法人スマートサイド　代表行政書士の横内賢郎と申します。この度は、本書をご購入いただきまして誠にありがとうございます。

本書を手にしているということは、
・元請や取引先から建設業許可を取得するように催促されている
・1度はチャレンジしてみたものの、やり方がわからず途中で挫折してしまった
というように、建設業許可に関する何かしらのお困り事を抱えているのかもしれませんね。


また、みなさんの中には建設会社をクライアントに持つ行政書士、税理士、社労士、司法書士の先生方もいらっしゃるのではないでしょうか。

士業の先生方は根がまじめで、勉強熱心な人が多いです。

「少しでもお客さまの力になれば！」と、建設業許可申請をサポートするために本書を購入してくださった人もいるかもしれません。

私が本書を書くに至ったきっかけは、
・もう少しわかりやすく建設業許可取得を説明できないか？
・もっとシンプルに建設業許可要件を理解してもらうことはできないか？
といった日常業務をしていく中のモヤモヤがあったからです。

建設業許可に関する申請を専門分野に掲げている弊所には、建設業許可取得に関する相談があとを絶ちません。

・どうしても急ぎで取得しなければならない
・個人事業主を法人化するので、法人化と同時に建設業許可の手続もやって欲しい
・すでに建設業許可を持っているが、許可業種をさらに増やしたい
・いまの会社を独立して、建設業許可を取得したい
・税理士に相談したら、許可取得は難しいと言われた
など、実にさまざまな相談があります。

有料で1時間の個別相談を行っていますが、もっとうまく説明できたのではないか？　お客さまは、私が話したことを本当に理解してくださっているのだろうか？　といったような疑問を抱くことも少なくありません。

そんなときに、建設業の許可取得について、知識ゼロの初心者にもわかりやすい「ガイドブック」

のような本があれば、
・お客さまの理解が、はかどるのではないか？
・お客さまが、路頭に迷わずに済むのではないか？
・建設業許可取得手続が、スムーズに進むのではないか？
と思い、考えを巡らせているうちに、ふっ　と頭に思い浮かんだのが、本書の題名にもなっている「わかりやすい許可取得マニュアル」です。

私が行政書士登録以来10年間にわたって積み上げてきた許可取得実績を、わかりやすく平易な言葉で解説した『1冊の本』にまとめ上げることができれば、許可取得で困っている建設会社のお力になれるのではないか？

そんな思いで、本書を執筆することになりました。

本書は、代表である私（横内）と、当法人で申請実務を担ってくれている橋本との共著です。各章の間にコラムを挿入し、また、実際に建設業許可を取得した会社社長のインタビューも掲載しています。

はじめての方にもわかりやすいように気を配りながら、執筆しました。

行政書士法人スマートサイドの英知を結集した最高傑作といっても過言ではありません。

建設業許可取得のバイブルです。

さあ、いよいよ本編の始まりです。

これから、建設業許可取得の過程をステップバイステップで解説していきます。

まずは、建設業許可取得に必要な基本的な知識を身につけることから始めましょう。本書では、許可取得に関する要件をシンプルに解説し、必要な書類や申請手続についてもわかりやすく説明します。

また、本書では、建設業許可取得のポイントやコツを具体的な事例を交えながら解説しています。これにより、読者の皆さんがどのような状況であっても、自分に合った最適な方法で建設業許可を取得できるようサポートします。


本書を読み終えた頃には、建設業許可取得に対する疑問や不安が払拭され、自信に満ちた気持ちで取り組めるようになることでしょう。

そして、成功への道筋が明確に見えてくるはずです。

最後に、本書を通じて皆さんが建設業許可取得の成功法則を身につけ、自身のビジネスやクライアントのサポートに活かしていただければ幸いです。何度でも読み返し、理解を深めることができる1冊となることを願っています。

それでは、建設業許可取得の成功法則をマスターし、新たなステージへの1歩を踏み出しましょう。本書が皆さんの成功のためのバイブルとなりますよう、心からお祈り申し上げます。

2023年4月

横内　賢　郎
橋本　亜寿香

建設業許可をすぐに取得したいとき最初に読む本
～知識ゼロからでも安心、わかりやすい許可取得マニュアル～　目次

第2章　これだけは押さえておきたい経営業務管理責任者の要件

第3章　専任技術者の要件はここがポイント

第４章　業種追加申請はここに注意

第6章　許可を取れるか、一緒に考えよう！　経管・専技の要件問答

第7章　許可を取得した後の対応！　変更届の提出義務と自社情報の開示

第8章　建設業許可を取得した社長のインタビュー

第1章

こうすればうまくできる建設会社設立の仕方

「建設会社の設立」と「建設業許可の取得」…一見すると別々の手続のように見えますが、「建設会社を設立して、その後すぐ、建設業許可を取得する」という不可分・密接な一連の手続として、処理することが多いです。

なぜなら、建設会社を設立しても建設業許可を取得できなければ、５００万円以上の工事を施工することができないため、建設会社を設立した意味がなくなってしまうからです。

そして、意外と知られていないのが、建設業許可を取得しやすい建設会社の設立の仕方があるということです。

そこで、この章では建設業許可を取得しやすい建設会社の設立の仕方について、説明をしていきます。

1．会社の本店所在地は、どこにする？

建設会社を設立する際には、まず、会社の本店所在地を決めなければなりません。会社の本店所在地が決まらなければ、登記の申請ができず、税務署への法人設立の届出もできないからです。

会社設立後、すぐに建設業許可を取得したいと考えている人は、会社の本店所在地をどこにするのかについて、注意して欲しいことがあります。

自宅兼営業所だと許可が取れないこともある

まず1点目は、本店所在地を自宅兼営業所として法人を設立する場合です。法人設立当初は「費用を掛けたくない」とか「きちんとしたオフィスを借りるのは、仕事が軌道に乗ってから」という理由で、自宅を営業所（自宅兼営業所）にするケースも多いと思います。

■ワンルームマンション等を事務所にするときは要注意

しかし、ワンルームマンションやワンルームアパートを自宅兼営業所にする場合、建設業許可を取得するための営業所要件を満たさず、建設業許可を取得できないケースがあります。

■東京都の手引の記載を見ると

東京都の手引によると、営業所が「個人の住宅にある場合には、住居部分と適切に区別されているなど独立性が保たれていること」といった記載があります。

図表1を見てください。いずれも自宅であるマンションを営業所として建設業許可を申請しようとする場合です。

〔図表１　営業所の間取り図〕

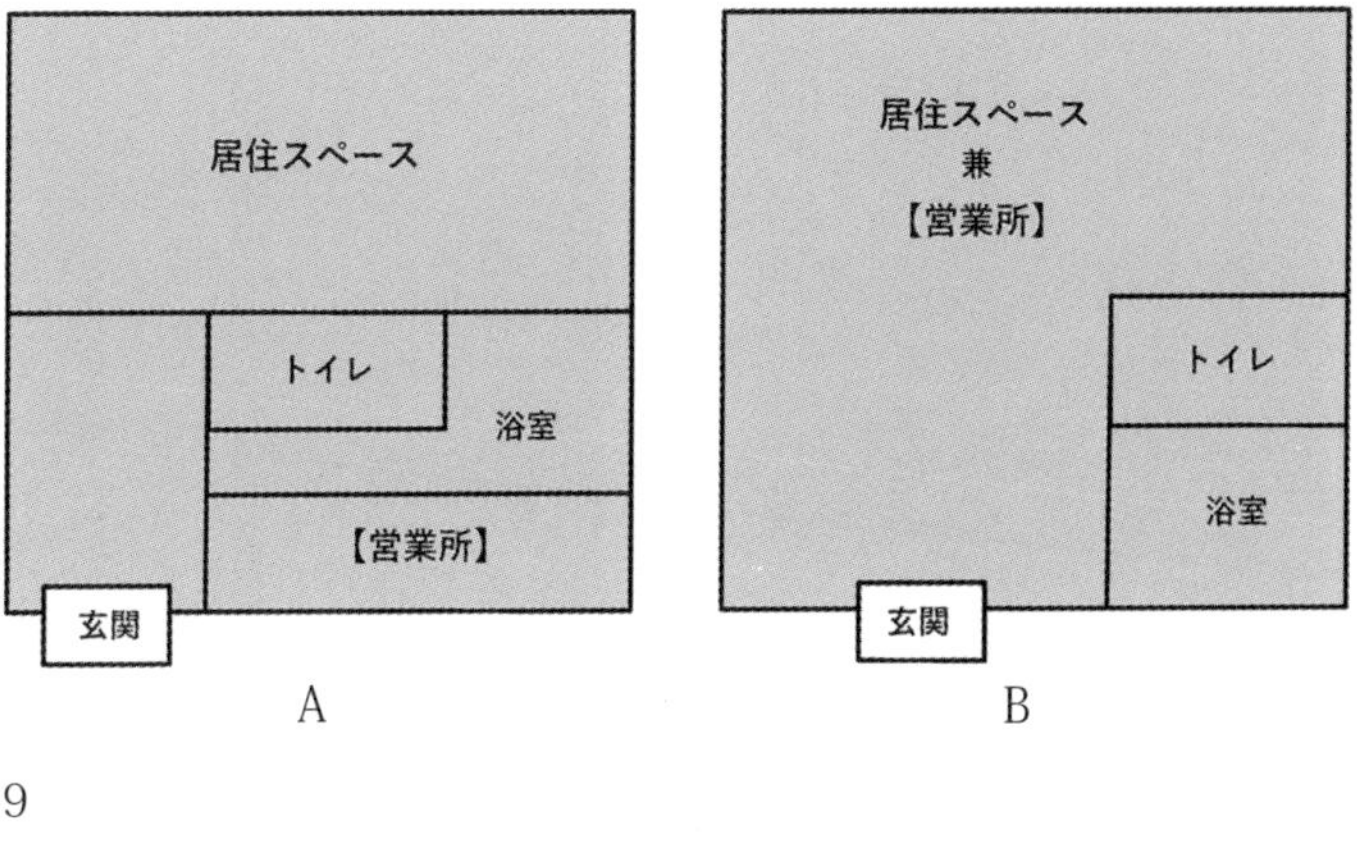

■Aのケースと Bのケースの大きな違い

Aのケースだと、マンションの玄関を入ってすぐのところに、他の住居部分とは明確に区分けされた独立の部屋があるので、この一室を営業所として建設業許可を取得することは、可能です。

しかし、Bのケースは、ワンルームです。住居部分と事務室部分とが明確に区別されているとは言い難く、営業所の独立性が認められません。これでは、許可を取得できない可能性があります。

■写真撮影のうえ、提出が必須

以前、とあるお客さまから「別に、バレないでしょう…」と言われたこともあります。しかし、建設業許可を申請する際には、営業所の外観、郵便ポスト、商号表示、事務室内部、出入口から事務室内部の導線といったように、あらゆる角度から写真を撮影し、申請書類と一緒に提出したうえで、営業所の要件を満たしていることを証明しなければなりません。

■会社設立の際の費用を抑えたいとしても…

「会社設立の際の初期費用を抑えるため」といった至極まっとうな理由で、自宅を営業所（自宅=本店所在地）として法人設立手続をすると、建設業許可を取得する際に、自宅以外にオフィスを借りて申請しなければならないということにもなりかねません。

ただでさえ、建設会社を設立して「すぐにでも建設業許可を取得したい」と考えているのに、自宅兼営業所としてしまったばっかりに、あらたなオフィスが決まるまで、建設業許可の申請手続ができないというのでは、幸先が悪すぎます。

■自宅兼営業所でよいのか？　オフィスを借りたほうが早いのか？

建設会社を設立して、いますぐにでも、建設業許可を取得したいとお考えの人は、会社設立時に「自宅兼営業所として許可が通るのか？」それとも「オフィスを借りて許可申請をしたほうが、早いのか？」一度立ち止まって検討する必要があります。

許可を取得しやすい自治体に営業所を置く

「会社の本店所在地をどこにするか？」を決める際に、考慮に入れていただきたい２点目が、自治体（都や県）によって、建設業許可取得の難易度が異なるという点です。

■営業所の場所と知事許可・大臣許可のルール

・営業所が東京都内にある場合には、東京都知事許可を取得する
・営業所が埼玉県内にある場合には、埼玉県知事許可を取得する
・営業所が千葉県内にある場合には、千葉県知事許可を取得する
・営業所が大阪府と東京都の２つの自治体にまたがって存在する場合には、大臣許可を取得する

といったルールについては、理解されている人も多いかと思います。

営業所がどこにあるかによって、申請先や許可権者が決まります。神奈川県内に営業所がある会社は、神奈川県知事許可を取得することになるわけであって、営業所の所在地と関係なく、本人の希望で東京都知事許可を取得できるわけではありません。

■許可を取りやすい場所？　取りにくい場所？

建設業法という法律で定められている同じ建設業許可なのに、自治体の運用の仕方によって許可を「取得しやすい自治体」「取得が難しい自治体」があるというのは変な話ですが、こういった違いがあるのは事実です。

■新規で建設会社を設立する際には

そこで、これから新規で建設会社を設立する際には、あえて「建設業許可を取得しやすい自治体」でオフィスを借りて、建設業許可を取得するといった方法もあり得ます。

■東京都新宿区ＶＳ神奈川県川崎市

以前「東京都新宿区内の自宅を営業所として建設業許可を取得するのがよいのか？」「自宅以外の場所にオフィスを借りたほうがよいのか？」検討しているお客さまがいらっしゃいました。

「自宅兼営業所だと、家族や子供がいて、なかなか仕事がやりずらい。かといって、都心でオフィスを借りるとなると家賃がバカにならない」といった具合です。

■結局、神奈川県知事許可を取得

このお客さまの場合、たまたま神奈川県川崎市に手ごろな物件を見つけたこともあって、神奈川県に営業所を借りて、神奈川県知事許可を申請する運びとなりました。

東京都と神奈川県の建設業許可の取得の難易度を比較した場合、神奈川県の審査のほうが若干緩い部分もあったので、同じ状況で、自宅（新宿区）を営業所として、東京都に許可を申請していたら、申請が通らなかったかもしれないケースです。

■自治体ごとの違いを頭の片隅に

このように、自治体ごとに「許可取得のために提出を求められる資料」に違いがあり、結果として、許可取得の難易度に差がある以上、許可取得のしやすい自治体を選んで本店（営業所）を設置するというのも、１つの手段であることを、頭の片隅に入れておいてください。

2．資本金は、いくらがよい？

会社を設立する際には、資本金を決めなければなりません。会社の登記簿謄本には、資本金が記載されます。そして、この登記簿謄本は、誰でも自由に法務局で取得できる書類です。

何億円という大きな金額の資本金が記載されている会社は「立派な会社だな」と思うでしょう。その反面、資本金が数十万円となると「この会社は大丈夫か？」と不安に思ってしまった経験のある人も多いのではないでしょうか？

建設業許可を取得する際の財産的要件

建設業許可を取得するには「純資産が５００万円以上」という財産的要件があります。この純資産は、通常、直近の確定した決算の財務諸表の中にある「貸借対照表」で判断します。

■純資産合計は、貸借対照表にあり！

図表2にあるように「資産」「負債」「純資産」のうちの、純資産の額が500万円以上あることが必要です（もし純資産が500万円未満であった場合については、500万円以上の預金残高証明書が必要になります）。

■BSとPL

なお、貸借対照表は、別名、バランスシート（BS）とも言います。

貸借対照表は、企業の「資産」「負債」「純資産」の状況を年度末において示した表です。「資産」は企業が所有する財産や権利のことで、「負債」は企業が支払うべき借金や債務のことを指します。「純資産」は「資産」から「負債」を差し引いた額で、企業が純粋に使用できる価値を表します。純資産が大きければ大きいほど、その会社の価値も大きいといえる一方で、「負債の額」が「資産の額」を上回る場合が、債務超過にあたります。

また、財務諸表の中には、1年間の企業の収益と費用をまとめた損益計算書もあります。

損益計算書は、別名、プロフィット&ロスステートメント（PL）とも言います。損益計算書には、売上から、売上原価・販管費などの経費を差し引いた結果である純利益が記載されています。

そのため、「今年はいくら儲かった」とか「税金がいくらかかる」といったことに関心が高い人にとっては、どちらかというと、貸借対照表よりも損益計算書の方が、馴染みがあるのではないでしょうか？

〔図表 2　貸借対照法の純資産の額〕

貸　借　対　照　表

令和＿年＿月＿日 現在

株式会社　〇〇建設　　　　　　　　　　　　単位：千円

資産の部		負債の部	
科目	金額	科目	金額
【流動資産】		【流動負債】	
現金及び預金		支払手形	
売掛金		買掛金	
商品		短期借入金	
有価証券		預り金	
未収金		未払金	
立替金		未払法人税等	
【固定資産】		【固定負債】	
【有形固定資産】		社債	
建物付属設備		長期借入金	
工具器具備品		負債合計	
【無形固定資産】		純資産の部	
ソフトウェア		科目	金額
【投資その他の資産】		【株主資本】	
投資有価証券		資本金	
関係会社株式		資本剰余金	
保険積立金		利益剰余金	
【繰延資産】			
開業費			
その他繰延資産		純資産合計	5,000
資産合計		負債・純資産合計	

会社設立後、すぐに建設業許可を取得したいときは

建設業許可を取得するための財産的要件として「純資産が500万円以上」なければならないのはわかったとして、法人設立後、決算をいまだ迎えていない場合には、どのように判断するのでしょう。

決算を迎えていなければ（決算未到来であれば）、財務諸表がなく、財務諸表がなければ貸借対照表の純資産の額で判断することもできません。

■決算書がない場合の判断方法

たとえば、1月20日に会社を設立し、12月31日を決算日とした場合。12月31日をすぎないと決算書はできてこないので「財務諸表の純資産が…」と言われても判断のしようがありません。

こういった場合、会社設立時の資本金の額を基準にします。資本金が500万円以上あるか否かによって、財産的要件を判断します。

資本金が500万円未満であった場合には、500万円以上の預金残高証明書が必要になります。

■資本金300万円で会社設立した場合

仮に、上記のようなことを何も知らずに、会社設立時の資本金を300万円にしてしまったと仮定しましょう。

この場合「①500万円の預金残高証明書を持って、建設業許可を申請するか？」もしくは「②決算日を経て純資産が500万円以上あることが確定してから（もし決算日を経ても純資産が

５００万円未満であったなら、この場合も５００万円以上の預金残高証明書が必要）建設業許可を申請するか？」のどちらかになります。

■預金残高証明書の取得は時間がかかる？

資本金の設定価格を５００万円以上にしておけば何の問題もなかったのに、５００万円未満にしてしまったがために、５００万円以上の預金残高証明書の提出を追加で求められるということがあるのです。

しかも、預金残高証明書の取得方法は金融機関によって違いがあるものの、申込当日、すぐに取得できるとは限りません。

■工事の入金が数か月先という場合もある

さらに、会社設立直後は、現金が出ていく一方で預金残高は安定しません。また「現時点で施工している工事の売上の入金が数か月先」といった場合には、預金残高が５００万円を超えるのも、数か月先ということも考えられます。

■あらかじめ資本金は５００万円以上必要

そうであるならば、建設会社設立後すぐにでも建設業許可を取得したいという人は、あらかじめ財産的要件をクリアするべく、資本金の額は５００万円以上に設定してくことがよいといえるでしょう。

ぜひ、みなさんも覚えておいてください。

3.「○○工事の請負および施工」という会社の目的

建設会社を設立する際には「会社の目的」を定めなければなりません。

「会社の目的」については、会社設立の際に作成される「定款」に記載されるのと同時に「登記簿謄本」にも記載されているため、多くの人が1度は、目にしたことがあるかと思います。

目的記載の重要性

建設業許可を申請する際には「定款」「登記簿謄本」の「会社の目的」欄に審査担当者のチェックが入ります。

■会社の目的欄のチェック

・内装工事の建設業許可を取得するのに「会社の目的」に「内装工事の請負および施工」という文言が入ってない

・舗装工事の建設業許可を取得するのに「会社の目的」に「舗装工事の請負および施工」という文言が入っていない

というのは、何か釈然としません。

これから建設業許可を取得し、会社の売上の大部分を構成する主たる業務となるはずなのに、「会社の目的」欄に「○○工事」についての記載がないというのは、一般的に考えてもやはり「変」という感覚が正しいのではないでしょうか？

■念書の提出を求められるケースもある

建設業許可を取得する際に、取得する業種の「○○工事の請負および施工」という文言が記載されていないからといって、建設業許可を取得できないということはありません。

しかし、自治体によっては、『後日「○○工事の請負および施工」という文言を追記しますので、いまはとりあえず許可を取得させてください』という念書（図表3）の提出を求められることがあります。

■「建設工事」はダメ「建築工事」はＯＫ

以前、弊所が担当した東京都内の建設会社の許可申請の際、「会社の目的が不明確であるため、念書を提出してください」という指摘を受けたことがあります。

「あれ、おかしい？　チェックしたはずだけどな？」と思ってよく見てみると、「定款」および「登記簿謄本」の目的欄の記載が「建設工事の請負および施工」となっていました。

建築工事の許可を申請した際の出来事であったため、「建設工事」という文言でも問題ないと早合点していました。まさか、建「築」と建「設」の1文字の違いで、建設業許可申請が受け付けられないとは夢にも思っていませんでした。しかし、都の審査担当者から『「建設工事」では29業種のうち、どの業種の工事に該当するのかが明確ではない』といった説明をうけ、「なるほど、確かに」と、妙に納得した経験があります。

〔図表3　念書の例〕

年　月　日

念書

○○知事殿

今般、建設業許可の新規申請を行うにあたり、以下の申請業種について当社定款の目的に明記されておりません。

つきましては、次回株主総会において、当該事業目的にかかる決議を行い、定款目的に追加することをお約束いたします。

・建築工事業の請負および施工

住所

商号

代表者氏名

■念書とともに、申請書を提出、無事、許可取得

その後、都庁には念書を提出して許可申請を受理してもらったとともに、お客さまには「定款」「登記簿謄本」の目的欄を「建設工事の請負および施工」から「建築工事の請負および施工」という文言に変更していただきました。

■可能な限り「○○工事の請負および施工」という文言の使用を

かれこれ、５年以上前の話になりますので、今でもこのような厳格な運用がなされているかは定かではありませんが、図表３のような念書の提出を求められることもありますので、会社の目的の記載には、可能な限り、会社設立時点で、「○○工事の請負および施工」といった文言を記載するように心がけてください。

建設業許可以外の取り扱い

定款や登記簿謄本の目的については、建設業許可以外の許認可についても、問題になるところです（図表４）。

たとえば、「建築士事務所の登録」「産業廃棄物収集運搬業の許可」「宅建免許の登録」の際にも確認の対象と成り得る部分ですので、建設業

〔図表４　許認可の種類と定款の目的の記載例〕

【許認可の種類】	【目的の記載例】
建設業の許可	○○工事の請負および施工
建築士事務所の登録	建築物の設計および工事監理
産業廃棄物収集運搬業の許可	産業廃棄物収集運搬業
宅建免許の登録	宅地建物取引業 不動産の売買、媒介

許可の取得だけでなく、各種の許認可を取得する予定のある人は、事前に確認しておくことをおすすめいたします。

4．現場の出入り禁止？　元請からの強烈な催促があった事例

ここで、建設会社の設立とともに建設業許可取得を果たした実際の事例をご紹介したいと思います。このお客さまは、元請から「現場への出入り禁止も辞さない！」と、建設会社の設立と建設業許可の取得を強烈に催促されていたお客さまです。

みなさんの中にも同じような経験をしている人はいませんか？　このケースを通して「個人事業主から法人成りし、建設業許可を取得するまでの流れ」をぜひ、把握してみてください。

相談内容

個人として10年以上、鉄筋工事を請負い、施工しています。最近になって元請から法人設立と建設業許可取得を催促されています。先日、いよいよ「現場からの締め出しも辞さない」という最後通告を受けてしまいました。

建設業許可取得は難しいと聞くので、不安で夜も眠れません。

先生の事務所で建設業許可を取得していただくことは、可能でしょうか？

会社設立から建設業許可取得までの流れ

■会社を設立するには

まず、会社を設立するには、次の①②の手続が必要です。

①定款を作成し、公証役場の認証を得ること

②定款の認証後に、登記申請書類を作成し、法務局に登記の申請を行うこと

定款を作成するには「会社の商号」「会社の目的」「会社の本店所在地」などの基本的な事項も決定しなければなりません。

■建設業許可を取得しやすい会社の設立を

②の登記申請書類の作成および法務局への提出が、司法書士の独占業務であることから、行政書士である私たちが行うことができません。そのため、初回面談の際に、知り合いの司法書士の先生に同席していただき、①②の手続は、司法書士の先生にお願いすることにしました。

打ち合わせの際には「会社の目的」には「鉄筋工事の請負および施工」という文言を入れること、資本金は５００万円以上にすること、「本店所在地」は「自宅以外の場所」にすることなどをアドバイスし、建設業許可を取得しやすい会社設立を行っていただくようにしました。

■保険に関する手続は、社会保険労務士に

続いて、健康保険、厚生年金、雇用保険に関する手続については、弊所と提携している社会保険労務士に対応していただきました。そのほうが、時間が早くやり取りがスムーズになるからです。

なお、建設業許可を取得するには「経管・専技の健康保険証の写し」「会社が健康保険および厚生年金の適用事業者であることの証明」「(従業員がいれば)会社が雇用保険に加入していることの証明」がそれぞれ必要です。

社会保険労務士には、事前に建設業許可を取得する際に必要な書類を一覧にしてお渡しし、取得でき次第、直接、弊所あてに書類を送ってもらうように手配しました。

■税務署への届出は税理士に

次は、税理士です。このお客さまには、税理士の知り合いもいなかったことから、弊所で税理士の先生をご紹介。

建設業許可を申請する際には、都税事務所に提出した「法人設立届」が必要になるからです。税理士にもその旨事前に連絡し、法人設立の登記簿謄本が完了次第、直ちに手続を行っていただくよう手配しておきました。

■最後に、行政書士が建設業許可申請

これらすべての手続がスムーズに進み、最後に行政書士である私が建設業許可申請書類を作成し、各士業の先生から預かった書類を整理して、都庁に申請しに行ったというのが、手続の流れになります。

■各士業と連携し、取得した書類の一覧

なお、実際に各士業の先生と連携の上、提出してもらった書類は、図表5の通りです。

〔図表5　手続の流れと必要書類〕

順番	必要な手続	専門家	必要な書類
1	会社設立	司法書士	・定款 ・履歴事項全部証明書
2	社会保険	社労士	・健康保険証 ・健康保険厚生年金保険新規適用届 ・雇用保険適用事業所設置届
3	税務	税理士	・法人設立届書（都税事務所）
4	建設業許可	行政書士（弊所）	・取締役の身分証明書 ・取締役の登記されていないことの証明書 ・建設業許可申請書類

5．建設会社設立の際に、まず最初に相談する相手は

前ページで紹介したような「会社設立と建設業許可取得手続を同時に進めて欲しい」といったご依頼は、決して少なくありません。

「法人になんかしないで、個人でのんびりと仕事をしていきたい」という人もいましたが、それでもやはり、取引先や元請からの要望となると法人化および建設業許可取得という手続は、避けて通れません。なので、みなさんが建設会社を設立する際には、まず最初に行政書士に相談することをおすすめします。

社長ひとりで手続をしたら

建設会社を設立して建設業許可を取得しなければ、現場から締め出しをくらってしまうようなケースで、社長自身が、誰の力も借りずに、ひとりで手続を進めなければならないとしたらどうでしょう？

■社長が手続をひとりでやったなら…

社長が、会社設立手続や建設業許可申請手続に専念できる環境にあれば話は別ですが、実際には現場に出たり、打ち合わせをしたり、業務に時間を費やす必要がある以上、社長が誰の力も借りず

に手続をやり遂げるというのは、現実的ではありません。

それでは、専門家の力を借りるとして、まず、最初に誰に相談すればよいのでしょうか。

各士業のハブとなるのが、行政書士

目のつけどころは、まずもって建設業許可取得手続に慣れた行政書士に相談すること。

■目的から逆算して、相談相手の選択をしましょう

みなさんの目的が「建設会社を設立して終わり」であれば、司法書士や税理士に手続を丸投げするだけでよいかもしれません。

しかし、みなさんの目的が「建設会社を設立して建設業許可を取得すること」にあるのであれば、1番最初に相談するのは行政書士、しかも建設業許可取得に強い行政書士にしたほうがよいのです。

■手続の流れを順番に見ていくと

手続の流れを順番に見ていくと、次のとおり行政書士の出番は最後です。

STEP1：法務局への登記申請→司法書士
STEP2：税務署への届出→税理士
STEP3：社会保険関係の手続→社会保険労務士
STEP4：都庁・県庁への建設業許可申請→行政書士

しかし、都庁や県庁に建設業許可を申請しに行く際には、「会社設立関連の書類」「都税、県税事

〔図表6　ハブの役割になる行政書士〕

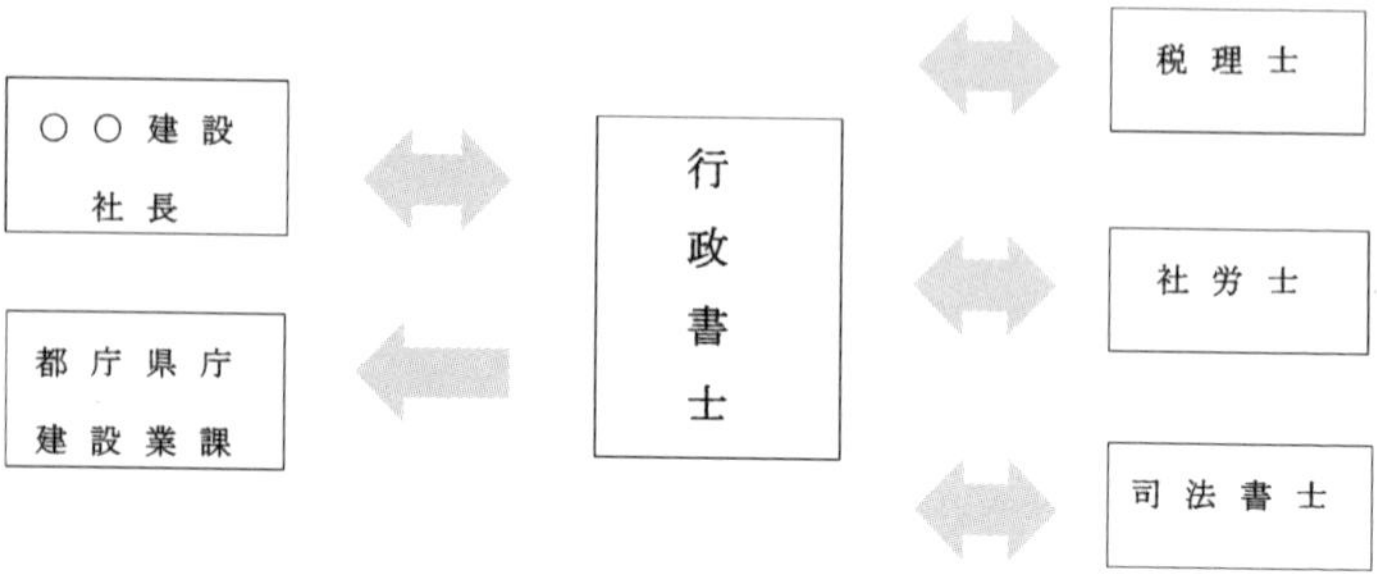

務所に提出した書類」「年金事務所に提出した書類」などが必要で、それらをトータルで理解しているのは、図表6のようにやはり建設業許可申請に手慣れた行政書士以外にいないのです。

■建設業許可に不慣れな行政書士に頼むと

建設業許可に「必要な書類」や建設業許可に「必要な要件」を理解していない人に会社設立を依頼した場合、「建設会社は設立できたものの、建設業許可を取得することができなかった」ということにもなりかねません。

人を雇ったり、オフィスを借りたり、設備を充実させたり、初期投資をして建設会社を設立したのに、いざ、工事を受注する段階になって、「建設業許可を取得できていなかった！」というようでは、目も当てられません。

■建設業許可取得に強い行政書士を！

もし、読者のみなさんの中に、建設会社を設立し建設業許可を取得したいとお考えの人がいれば、まず、最初に相談する相手は「建設業許可取得に強い行政書士」を選ぶのが後々で安心です。

コラム①：建設業許可の事業継承について

建設業許可を取得する方法の1つとして、建設業許可を持っている会社から、
・建設業部門を譲り受ける（事業譲渡）
・建設業許可を持っている会社を買収する（合併・分割）
といった事業承継の方法もあります（図表7）。

以前は、事業譲渡や吸収・分割があったとしても、建設業許可を引き継ぐことはできず、承継元の建設業許可をいったん廃業（取下げ）し、承継先で新たに建設業許可を取得しなおすという手段をとるしか方法がありませんでした。

これでは、せっかく建設会社の事業を承継しているにもかかわらず、別途、新規で建設業許可を取得しなければ、500万円以上の工事を請負うことができないという意味において、利便性が欠けていました。

しかし、令和2年10月の建設業法の改正で、「認可」という制度が新たに制定され、承継元の建設業許可業者たる地位や建設業許可番号を承継先が引き継ぐことができるようになりました。

認可制度の詳細についての説明は、割愛しますが、1つだけ注意点をあげると、認可の手続は、

事業承継の事実が発生する前に、終わらせておかなければならないということです。

たとえば、建設業許可業者たるA社と建設業許可を持っていないB社が6月1日に合併するといった場合について話しましょう。

合併日である6月1日より前に、許可行政庁に対して認可申請を行い、認可を受けていなければ、B社は、A社の建設業許可を引き継ぐことができません。

グループ会社内の再編、100％子会社の設立、不採算部門の整理といった理由で「事業の譲渡（売却）」「会社の分割・合併」を行う建設会社も増えることが予想されます。

認可制度を利用すれば、建設業許可を引き継ぐことはできるものの、事業承継よりも前に、認可の手続を完了させておかなければならないということを頭に入れておきましょう。

〔図表7　認可と事業承継の手続の流れ〕

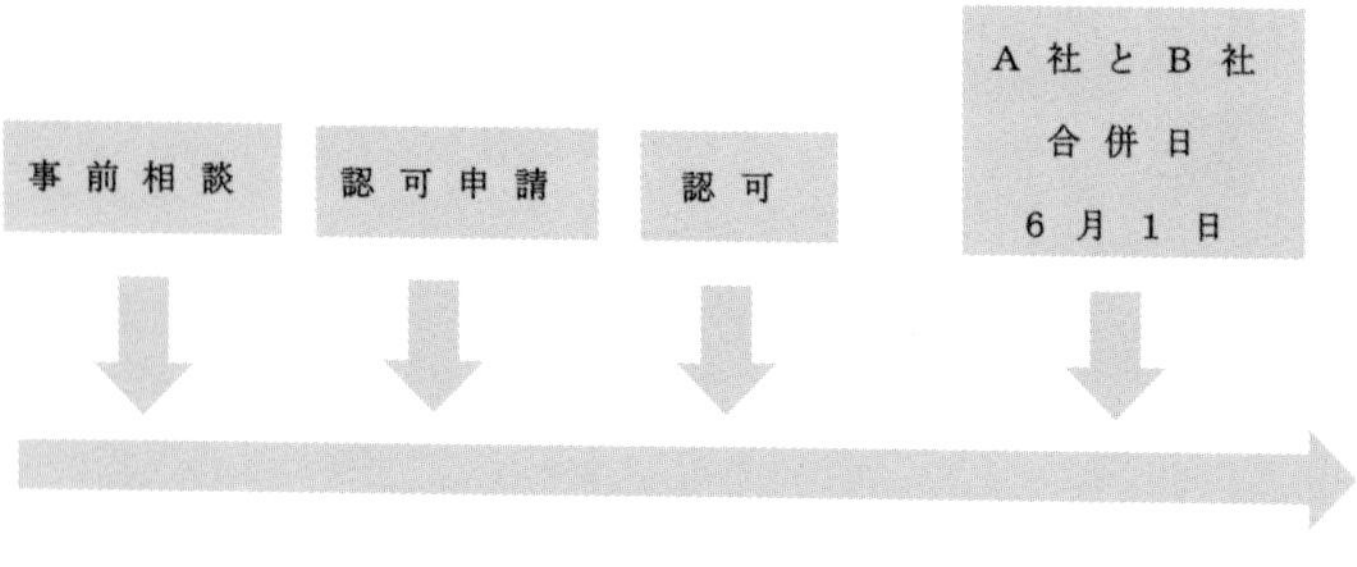

第2章　これだけは押さえておきたい経営業務管理責任者の要件

建設許可を取得するに当たって「経営業務管理責任者の要件」ほど、重要なものはありません。建設業許可を取得するための他の要件は満たしているにもかかわらず、経営業務管理責任者の要件を満たしていないがために、許可取得を諦めなければならないというケースは非常に多いです。

そこで、この章では、経営業務管理責任者の要件について説明するとともに、要件を満たしていることを証明するための資料について見ていきましょう。

なお、令和2年10月の建設業法改正で「経営業務管理責任者」に関する基準の見直しが行われ「常勤役員等」という表記に変わりました。しかし、実務上は、経営業務管理責任者（略して「経管」という表現が広く使われていますので、本書でも「経営業務管理責任者」または「経管」という表記で説明を進めていきます。

1．経営業務管理責任者ってなに

「経営業務管理責任者」という言葉をはじめて聞く人もいるかもしれません。「建設業許可を取得するには経管が重要だ」といったところで、経管のどんな点が重要なのか、その中身を理解できていなければ、その重要性の認識もままなりません。

そこで、まずは、経管の中身（要件）について、説明をしていきたいと思います。

経管の要件を満たすには、次ページ以降の（ア）（イ）（ウ）の3つに該当しなければなりません。

申請会社の常勤取締役（ア）

建設業許可を取得するには、許可を取得する会社の「常勤取締役」の中に、経管がいなければなりません。

一部、例外的に「常勤執行役員」でも許可を取得することができますが、あくまでも例外措置なので、ここでは「常勤の取締役」と覚えておいてください。

5年以上の取締役または個人事業主としての経験（イ）

経管の要件を満たす人は、次の３つのいずれかに該当することが必要です。

- 取締役としての経験が5年以上
- 個人事業主としての経験が5年以上
- 取締役＋個人事業主としての経験が5年以上

この点についても、一部、例外的に取締役、個人事業主の経験ではなく、執行役員や部長の経験が5年以上あれば経管の要件を満たすという考え方もありますが、ここでは、右記の3つのパターンに絞られると覚えておいてください。

経管のハードルが高いのは、普通の会社員、サラリーマンの人だと一生かかっても、要件を充足することができない点にあります。世の中の多くの人

〔図表８　（ア）（イ）（ウ）３つの要件〕

経営業務管理責任者の要件
申請会社の常勤取締役（ア）
5年以上の取締役または個人事業主の経験（イ）
その5年間、建設業を行っていたこと（ウ）

は、取締役の経験もなければ、個人事業主の経験もないのが普通です。

そのため、経管の要件は「個人での事業運営」や「法人の取締役として会社経営」に携わってきたごく一部の人にしか認められないといった特殊性のある要件ということができます。

その間、建設業を行っていたこと（ウ）

さらに経管の要件を充足するには、「建設業を行っていた会社の取締役としての経験が5年以上」、「建設業を行っていた個人事業主としての経験が5年以上」といったように、取締役および個人事業主であった期間は、いずれも建設業の経営に関するものでなければなりません。

もっとも、一部例外がありますが、例外事由が極めて狭く、その例外事由に該当することを証明するのが、極めて困難であることから、ここでは省略します。

■某建設会社の取締役としての5年の経験

たとえば、某建設会社の取締役に5年間就任していたという人は、経管の要件を満たします。

また、個人事業主として建設業を5年間以上行ってきたという人も、経管の要件を満たします。

さらに、個人事業主として3年、法人成りして代表取締役として2年間、建設業を行ってきたという人も経管の要件を満たします。

■取締役としての経験が足りない！

ただし、「建設会社の取締役に就任したことがあっても任期2年間だけという人」や「サラリーマンとして勤めてきた会社を退職し、1人親方として独立後、個人事業主として3年しかたっていないという人」も、残念ながら経管の要件を満たすことができません。

■私の実感として

あくまでも、私の肌感覚になりますが、建設業許可の取得をあきらめざるを得ない人の実に9割以上が、「経管の要件を満たすことができない＝（ア）（イ）（ウ）を充足しない」といった理由で、建設業許可取得を断念されています。

たとえば、産業廃棄物収集運搬業の許可を取得する場合には、一定の講習を受けることによって、人的な要件をクリアすることができ、建設業許可を取得する際の「取締役や個人事業主としての経験が5年以上」といった要件は、求められていません。

産廃業の許可と建設業の許可とでは、根拠となる法律が異なるので、なんとも言えませんが、いまのところ、建設業の許可を取得する際の「経営業務管理責任者」の要件を、一定の講習を受講することによって、クリアできるというような制度は、ありません。

■耳障りのよい情報には要注意を

「経管の要件を緩和して欲しい！」という意見は、弊所のお客さまからも聞かれますが、「建設業の許可が取得しやすくなった」とか「経管の要件が緩和された」といったような情報に、振り回されることなく、地道に「取締役」もしくは「個人事業主」としての経験を追求していく方法が、建設業許可取得の王道である、というのが私の見解です。

〔図表９　経管の要件に該当するか否かの基準〕

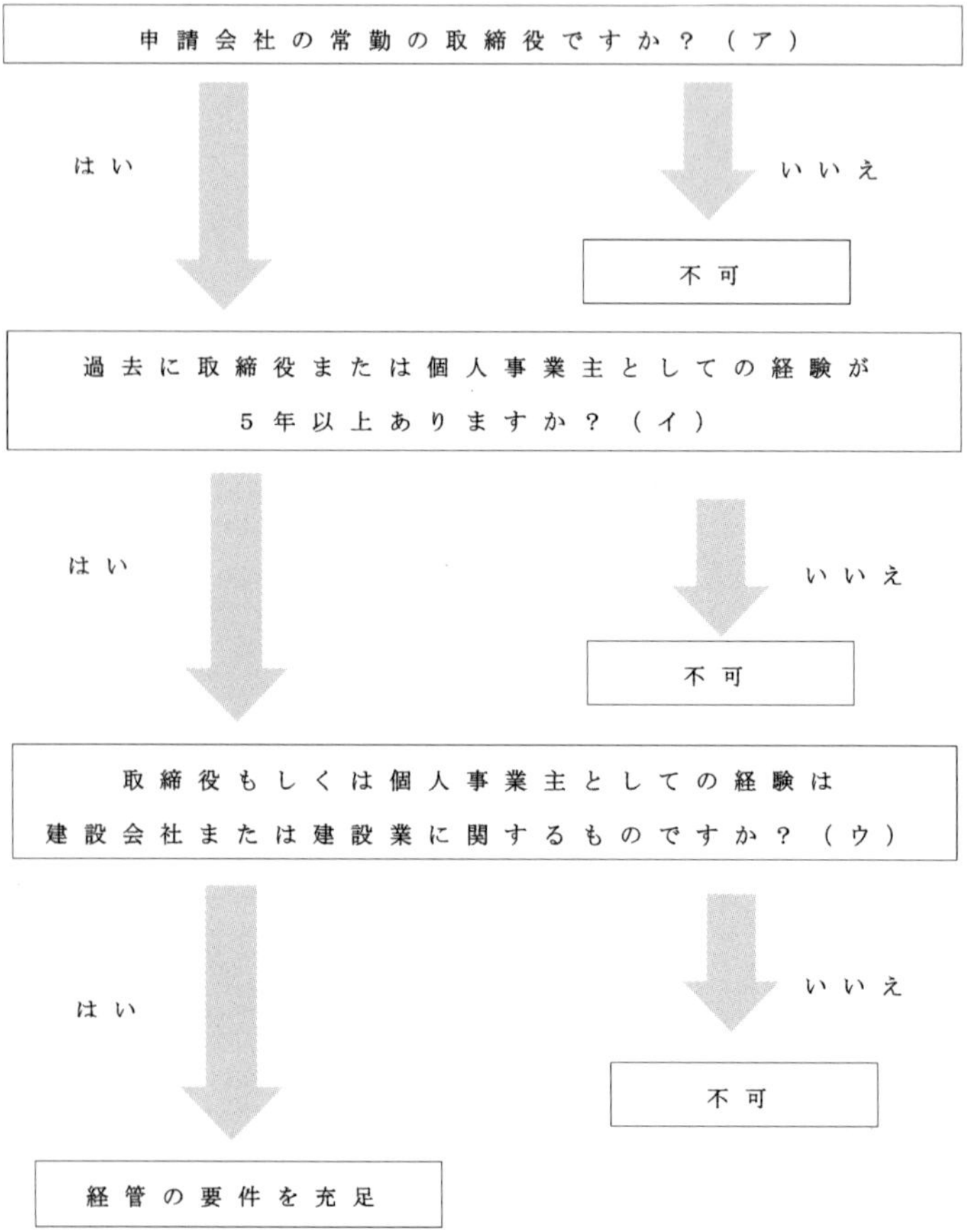
申請会社の常勤の取締役ですか？（ア）
はい
いいえ
不可
過去に取締役または個人事業主としての経験が
５年以上ありますか？（イ）
はい
いいえ
不可
取締役もしくは個人事業主としての経験は
建設会社または建設業に関するものですか？（ウ）
はい
いいえ
不可
経管の要件を充足

2. 経営業務管理責任者の証明方法

建設業許可を取得する際の重要な要件である経管の中身について、おおよその理解はできたでしょうか？

「建設会社での取締役の経験」や「建設業を営んでいた個人事業主としての経験」など、通常の一般人にとっては少しレアな経験が必要なことがおわかりいただけたかと思います。

それでは、続いて、前記の要件をどのように証明していけばよいのかについて説明します。

申請会社の常勤の取締役であることの証明（ア）

前述のとおり、経管は申請会社（＝これから建設業許可を取得するために申請する会社）の「①常勤」の「②取締役」であることが必要です。

■取締役であることの証明

申請会社の「②取締役」であるか否かについては、会社の登記簿謄本で証明します。会社の登記簿謄本は手数料を払うことによって、法務局で簡単に取得できます。

■常勤であることの証明

続いて、申請会社に「①常勤」しているか否かについては、通常、健康保険証で確認することが可能です。1人の人が2枚の健康保険証を持つことができないことになっているので、健康保険証の記載（事業所名称）を確認すれば、申請会社に常勤しているか否かがわかります。

■A社がXさんを経管にするケース

たとえば、A社という会社が、Xさんを経管にして建設業許可を申請する場合について見てみましょう。

■XさんのA社での常勤性を証明するには

経管Xさんは、A社という会社名の記載が入った健康保険証を持っていなければなりません。もし仮にXさんが、B社という会社の健康保険証を持っていたら、Xさんは、A社に常勤しているのではなく、B社に常勤していることになります。

この場合、Xさんは、A社の常勤ではないため、Xさんを経管にしてA社が建設業許可を取得することはできません（出向などの一部特殊な場合を除いて）。

■健康保険証で常勤性を証明できない場合には

健康保険組合に加入している会社の場合、そもそも、健康保険証に事業所名の記載がない場合もあります。また、経管が後期高齢者の場合、後期高齢者医療被保険者証にも事業所名の記載がありません。

そういった場合には、

・住民税特別徴収税額通知書（徴収義務者用）

・直近決算の法人用確定申告書（役員報酬明細）
・厚生年金の被保険者記録照会回答票
などによって、経管の常勤性を証明することになります。

それぞれ、
住民税は給料からきちんと特別徴収されているか？

常勤の取締役にふさわしい役員報酬が支払われているか？

現時点で申請会社の厚生年金に加入しているか？

といったことが経管の常勤性を判断する材料に使われます。

このような資料によって、申請会社での「①常勤」の「②取締役」であること（ア）を証明します。

取締役または個人事業主としての経験が5年以上あることの証明（イ）

次に、取締役または個人事業主としての経験が5年以上あることについては、どのように証明していけばよいでしょうか。

■取締役として5年の経験

まず、取締役としての5年の経験については、前述のとおり、法務局で取得できる登記簿謄本によって、確認することができます。

登記簿謄本には取締役の就任日や退任日・辞任日の記載がありますので、その会社に何年間取締役として在籍していたかを確認することができます。

なお、履歴事項全部証明書で確認できないような古い経歴については、閉鎖事項全部証明書を取得して確認することになります。

■個人事業主として5年の経験

また、個人事業主としての5年の経験については、税務署に提出している確定申告書の控えで確認することになります。個人事業主である以上、税務署への確定申告は必須です。

そのため、税務署へ提出した確定申告書の控え（5期分以上）を使って、個人事業主の経験が5年以上あることを証明します。

■個人事業主が法人なりした場合

なお、個人事業主が法人成りしたように、個人事業主としての経験と法人の取締役としての経験を合算して5年以上の経験を証明しようとする場合には、個人事業主時代の確定申告書および法人設立後の登記簿謄本の両方が必要になります。

その間、建設業を行っていたことの証明（ウ）

それでは、取締役または個人事業主としての5年以上の間、建設業を行っていた（経営していた）ことの証明はどのようにすればよいのでしょうか？

この、「建設業を行っていたことの証明」は、すこし難しく感じるかもしれません。私たちが、申請の依頼を受けた際にも苦労するのが、この部分です。

■「**建設業許可あり**」と「**建設業許可なし**」で**場合分け**

この場合「建設業許可を持っている（いた）会社での経験」と「建設業許可を持っていない会社での経験」というように、証明の仕方を2つに分けて考える必要があります。

■（i）**建設業許可を持っている（いた）会社での経験の証明**

「現在も継続して建設業許可を持っている会社」もしくは、「過去一定の期間、建設業許可を持っていた会社」での取締役としての5年以上の経験がある場合は、建設業の許可証や許可行政庁に提出している申請書・各種変更届の副本で、建設業を行っていたことの証明をすることができます（図表10）。

■**A建設株式会社のBさんを経管にする場合**

たとえば「平成26年1月から平成30年12月までの5年間」A建設株式会社の取締役に就任していたBさんを経管とする場合で見てみましょう。

登記簿謄本で、平成26年1月から平成30年12月までの間、A建設株式会社の取締役であったことを証明するとともに、A建設株式会社の許可通知証や変更届の副本によって、A建設株式会社が平成26年1月から平成30年

〔図表10　許可あり（i）の証明資料〕

許可の有無	（ウ）を証明するための資料
（i） 建設業許可あり の場合	建設業の許可証や許可行政庁に提出している申請書・各種変更届の副本が（ウ）の証明資料

12月までの間、建設業許可を持っていたことを証明すればよいわけです。

■(ii)建設業許可を持っていない会社での経験の証明

建設業許可を持っていない会社の場合は、建設業の許可証や許可行政庁へ提出している届出の副本で、建設業を行っていたことを証明することができません。

その場合には「契約書」「注文書・請書」「請求書・入金通帳」などで、工事の実績(建設業を行っていたこと)を証明していくことになります(図表11)。

■株式会社C工業のDさんを経管にする場合

たとえば、現時点から遡って、5年以上前から、株式会社C工業の取締役に就任しているDさんを経管にして株式会社C工業が建設業許可を取得しようとする場合を見てみましょう。

5年以上前から株式会社C工業の取締役に就任していることの証明は、登記簿謄本で証明することができます。5年以上前から株式会社C工業で工事を行っていることの証明として、「工事請負契約書」「工事注文書・請書」「工事の請求書・入金記録」を用意することになります。

〔図表11　許可なし(ii)の証明資料〕

許可の有無	(ウ)を証明するための資料
(ii)建設業許可なしの場合	建設工事の「契約書」「注文書・請書」「請求書・入金通帳」が(ウ)の証明資料

3. 空調設備の販売がメインの(株)中村メンテナンスのケース

経管の中身、そして証明方法について説明してきましたが、少しややこしく感じている人もいるかもしれません。

そこで、知識の整理のためにも、実際に相談が多いパターンを挙げて、経管の要件を充足するか否かについて、説明していきましょう。

・経管の要件

申請会社の常勤取締役であることの証明（ア）

取締役または個人事業主としての経験が5年以上あることの証明（イ）

その間、建設業を行っていたことの証明（ウ）

↓（i）建設業許可を持っている会社での経験の証明

↓（ii）建設業許可を持っていない会社での経験の証明

相談内容

主な業務は、給排水設備や空調設備の販売です。

最近になって、性能のよい高品質でかつ最先端の機器・設備の販売を手掛けるようになりました。

設置工事自体の費用は数十万円程度であるものの、設備の販売代金と合わせると５００万円以上の費用が掛かるようになってきました。

現社長の中村社長は、（株）中村メンテナンスの代表取締役に就任して10年以上たちますが、管工事の建設業許可を取得することは可能でしょうか？

■設備や機器の販売代金は

まず前提として、仮に設置工事自体に掛かる費用が５００万円未満であったとしても、設備や機器の販売代金と合算して５００万円以上になるようであれば、建設業許可を取得しなければなりません。

建設業許可取得の基準となる５００万円という金額は、機器の販売価格と設置工事の費用を合算して判断するからです。

■販売代金も合算した金額で判断する

（株）中村メンテナンスのように、設置工事自体の費用は５００万円を下回っていたとしても、設備の販売代金と合わせて５００万円以上かかるようであれば、建設業許可取得が必要になります。

それでは、中村社長を経管にして建設業許可（管工事）を取得することは可能でしょうか。

以下では、経管の要件である（ア）（イ）（ウ）の証明方法と、許可取得の可能性について、見ていきます。なお、過去の申請実績を元に記載しているものの、わかりやすく単純化するためのアレンジを加えていますので、あらかじめご了承ください。

経管の要件を証明できるか

■申請会社の常勤取締役であることの証明（ア）

中村社長は（株）中村メンテナンスの代表取締役ですから、申請会社である（株）中村メンテナンスに「常勤している取締役」に該当していると言えます。

この点については、登記簿謄本のほか、健康保険証や住民税特別徴収税額通知書（徴収義務者用）などで証明していくことになります。

■取締役としての経験が5年以上あることの証明（イ）

次に、中村社長は（株）中村メンテナンスの代表取締役に就任して10年以上経過しているので「取締役としての経験が5年以上ある」ということもできます。この点についても、登記簿謄本を取得して確認すれば足ります。

■その間、建設業を行っていたことの証明（ウ）

さらに「その間、建設業を行っていたことの証明」はどうすればよいでしょうか。中村社長には、取締役としての経験が5年以上ありますが、取締役として経験を積んだ5年間、（株）中村メンテナンスは建設業許可を取得していない未許可業者です。

そのため、建設業の許可証などで建設業を行っていたことの証明をすることができません。

この場合は「(ⅱ)建設業許可を持っていない会社での経験の証明」ということになり、管工事の「契約書」「注文書・請書」「請求書・入金通帳」を使って、5年以上の間、実際に、管工事を行っていたことを証明することになります。

以上の証明に成功すれば、経管の要件を満たしますので、その他（専技など）の要件を満たせば、建設業許可を取得することができます。

4. 不動産売買・仲介業者で工事実績のない（有）サトー不動産のケース

工事の経験や実績がないと、建設業許可を取得できないと勘違いをしている人も多いのですが、実は、申請会社自体に工事の経験や実績がなかったとしても、経管の要件を満たした人を社内に招き入れることによって、建設業許可を取得することは可能です。特に、不動産会社や宅建免許を持っている会社など、工事がメインではないが、建設業許可取得には興味があるという人におすすめです。

早速、（有）サトー不動産のケースで見ていきましょう。

・経管の要件
申請会社の常勤取締役であることの証明（ア）
取締役または個人事業主としての経験が5年以上あることの証明（イ）
その間、建設業を行っていたことの証明（ウ）
↓（i）建設業許可を持っている会社での経験の証明
↓（ii）建設業許可を持っていない会社での経験の証明

相談内容

不動産販売・仲介の業者ですので、建設工事を行った実績はありません。しかし、同業者や取引先から建設業許可を取得することをすすめられており、将来的には工事を手掛けることになるかもしれないので、今のうちに（取れるうちに）建設業許可を取得したいと考えています。

なお、現社長の佐藤社長は、(有)サトー不動産の代表取締役に就任して5年以上たちます。しかし、(有）サトー不動産に、工事の実績や経験がないので、どのようにして建設業許可を取得すればよいでしょうか?

経管の要件を証明できるか

佐藤社長が代表を務めている不動産会社なのですから、佐藤社長を経管として建設業許可を取得したいところです。

■代表取締役が経管になれない!

佐藤社長は、(有）サトー不動産の「代表者として会社に常勤（ア）」していますし、「取締役としての経験が5年以上（イ）」あります。

しかし、(有）サトー不動産には工事を請負ったり、施工したりした経験がないため、取締役としての5年間、「建設業を行っていたことの証明（ウ）」ができません。

残念ながら（有）サトー不動産の中には経管の要件を満たしている人はいないことになります。

■経管要件を満たす人を外部から招聘

そのため、建設業許可を取得するには、経管や専技の要件を充足している人を外部から招聘し、(有)サトー不動産の常勤取締役に就任させる必要があります。

ここで、佐藤社長から、「学生時代の親友である田中さんが経管の要件を満たしているのではないか?」という相談がありました。

田中さんは大手ゼネコンの取締役を経験後、早期退職をして、現在はどこの会社にも所属することなく隠居生活を送っています。

この場合、田中さんの経管の要件を証明するにはどうすればよいでしょうか。

■申請会社の常勤取締役であることの証明(ア)

まず、田中さんを(有)サトー不動産の「常勤の取締役」として招き入れる必要があります。

(有)サトー不動産への健康保険への加入、そして、取締役就任の登記をすれば、「申請会社の常勤取締役(ア)」であることを証明できます。

■取締役としての経験が5年以上あることの証明(イ)

続いて、「取締役を5年以上経験していたこと」の証明は、大手ゼネコンの登記簿謄本を取得すれば証明することができます。

■その間、建設業を行っていたことの証明(ウ)

さらに「その5年以上の間、建設業を行ってきたことの証明」ですが、大手ゼネコンは、当然ながら「(i) 建設業許可を持っている会社」です。

そのため、「その5年間、建設業を行ってきたこと(ウ)」は、田中さんの元勤務先である大手ゼネコンから、許可証や変更届の副本を入手することによって証明できそうです。

以上で、田中さんは、経管の要件を満たしますので、その他(専技など)の要件を満たせば、田中さんを経管にすることによって、(有)サトー不動産は、建設業許可を取得することができることになります。

5．法人成りして半年、防水工事専門の(株)加藤防水のケース

建設業界において、まずは親方のもとで修業をして一定の期間を経た後、個人事業主として独立するというケースが多いように思います。個人事業主として独立後、さらに経験を積んで、事業拡大に伴い個人事業主を法人化するという手続は、第1章で説明した通りです。

この(株)加藤防水の加藤社長のようなケースでも経管の要件を証明して建設業許可を取得することができるのでしょうか。

・経管の要件
　申請会社の常勤取締役であることの証明(ア)
　取締役または個人事業主としての経験が5年以上あることの証明(イ)

その間、建設業を行っていたことの証明（ウ）
↓（i）建設業許可を持っている会社での経験の証明
↓（ii）建設業許可を持っていない会社での経験の証明

相談内容

法人を設立して半年がたちますが、いまだに建設業許可の取得の仕方がわかりません。友人にも相談しましたが、さっぱりです。個人事業を経て法人化し、夫婦で経営している小さな会社なので、資格者や要件を満たしている人を外部から招き入れたり、建設業許可取得のために新たに人を採用するというのは、考えにくいです。

うちのような会社でも経管の要件を証明し、建設業許可を取得することができますか？

■経験者の採用に消極的なケース

（株）加藤防水は、加藤社長のほか、社長の奥さんがパートで経理をしている会社であるため、（有）サトー不動産のように外部から経験者を採用することは全く考えていません。

そのため、建設業許可を取得できるか否かは「加藤社長が経管の要件を満たすか否か」にかかっていると言っても過言ではありません。

もし、みなさんが加藤社長から相談を受けた行政書士だったら？　もし、みなさんが加藤社長と同じような立場にあったとしたら？　とイメージを膨らませながら、考えていきましょう。

経管の要件を証明できるか

■申請会社の常勤取締役であることの証明（ア）

まず加藤社長は、（株）加藤防水の代表取締役ですから「申請会社の常勤の取締役」という要件は満たしています。

■取締役または個人事業主としての経験が5年以上あることの証明（イ）

続いて「取締役または個人事業主としての5年以上の経験」はどうでしょうか。ご質問の場合は、法人を設立してから半年ということですが、それ以前の個人事業主の経験と法人設立後の代表取締役としての経験が5年以上あれば、問題ありません。個人事業主の経験は税務署に提出している確定申告書の控え、代表取締役としての経験は登記簿謄本で証明可能です。

■その間、建設業を行っていたことの証明（ウ）

では、「その間、建設業を行っていたこと」の証明はどうでしょうか？

加藤社長の個人事業主時代も、法人成りしたあとの（株）加藤防水にも、建設業許可がありません。そのため、（ii）に該当します。

ということは、個人事業主時代の防水工事の「契約書」「注文書・請書」「請求書・入金通帳」、さらに法人設立以降の防水工事の「契約書」「注文書・請書」「請求書・入金通帳」で建設業を行っていたことの証明をすることになります。

これらの資料によって、個人事業主時代の4年半＋法人成りしてからの半年間＝合計5年間の防水工事の経験を証明できれば、経管の要件を充足し、建設業許可を取得することが可能と言えます。

6．執行役員であったときはどうなる

経管になるための要件のうち「申請会社の常勤の取締役であること（ア）」「取締役（個人事業主を含む）としての経験が5年以上あること（イ）」の2点について、いずれも「取締役」であることがポイントになっています。

ここで問題になるのが「執行役員」です。「取締役の経験はないけど、執行役員の経験だったらある」という人からのご相談が増えてきています。

そこで、この章の最後に、実際に相談を受けた2つのケースで、執行役員について考えてみます。

・経管の要件

申請会社の常勤取締役であることの証明（ア）

↓申請会社の常勤取締役ではなく、常勤執行役員である場合はどうか？

取締役の経験が5年以上あることの証明（イ）

↓取締役ではなく、執行役員として5年以上の経験がある場合はどうか？

その間、建設業を行っていたことの証明（ウ）

↓（i）建設業許可を持っている会社での経験の証明

↓（ii）建設業許可を持っていない会社での経験の証明

過去に経管の経験のある人を執行役員にするときは

過去に他県で建設業許可を取得していたAさんを、取締役ではなく執行役員として会社に招き入れて、東京都の建設業許可を取得するにはどうすればよいですか？

■（ア）の例外パターン

これは、過去に経管として認められ、建設業許可を取得したことがある人を、申請会社の執行役員にして建設業許可を取得するパターンです。

・申請会社の常勤取締役であることの証明（ア）
・取締役の経験が5年以上あることの証明（イ）
・その間、建設業を行っていたことの証明（ウ）

のうち、（ア）の例外パターンであるといえます。

なぜなら、Aさんは過去に経管として認められたことがあるのですから、その時点で（イ）と（ウ）については、証明できていたということになるからです。

■（ア）の例外パターンで許可取得

この件については、執行役員が取締役と同等の権限をもつと認められる資料として、申請会社の「組織図」「業務分掌規程」「取締役会規則」「執行役員規則」などを都庁に提出し、事前審査を経たうえで、建設業許可取得にこぎつけた実績があります。

問題になったのはあくまでも申請会社での「執行役員」というポジションであったため、申請会社に関する前記資料の提出だけで済んだのが、許可取得に至った大きな理由です。

前の会社の執行役員の5年の経験を用いて経管になろうとするときは

それでは別の会社（建設業許可を持っている）で5年以上執行役員をしていたBさんを、常勤取締役に招き入れて建設業許可を取得するにはどうすればよいですか?

①申請会社の常勤取締役であることの証明（ア）
②取締役の経験が5年以上あることの証明（イ）
③その間、建設業を行っていたことの証明（ウ）

のうち、（イ）の例外パターンです。Bさんには、「取締役の経験」がなく「執行役員の経験」しかないからです。

■執行役員の経験しかないBさん

Bさんは、申請会社の常勤取締役になることを承諾しており、（ア）については問題ありません。また、Bさんが在籍していた会社は、建設業許可を持っている会社ですので（ウ）の（i）、その会社の許可証などをお借りできれば「その間、建設業を行っていたこと」は証明できそうです。

■Aさんと Bさんの違い

AさんとBさんの違いは、おわかりでしょうか？

過去に経管として認められた経験のあるAさんを、「申請会社の執行役員」として建設業許可を取得しようとするケースと、過去に経管として認められたことがなく、取締役としての経験もないBさんを「申請会社の常勤取締役」として建設業許可を取得しようとするケースです。

Bさんのケースでは、前にいた会社から「会社の組織図」「業務分掌規程」「取締役会規則」「執行役員規則」などを、お借りしなければなりませんでした。これは「形式的には執行役員ではあったものの、取締役と同等の権限で、建設業務にあたっていたこと」を証明するためです（図表12）。

■（イ）の例外パターンで許可取得を断念

しかし、このケースでは、前の会社が、「業務分掌規程」や「執行役員規則」を社外秘として提出してくれず、都庁に事前判断を仰ぐことができませんでした。

〔図表12　Aさんと Bさんの違い〕

	申請会社の常勤取締役（ア）	取締役としての５年の経験（イ）	その間、建設業を行っていたことの証明（ウ）
Aさん	取締役ではなく執行役員のため△	過去に認められているため○	過去に認められているため○
Bさん	取締役就任について、申請会社との合意があるため○	執行役員の経験のみのため×	建設業許可を持っている会社での経験であったため○

前の会社が判断材料を出してくれない以上、こちらとしても動きようがありません。そのため、許可取得までに至らず、途中であきらめざるを得ないケースでした。

もし仮に、前の会社が「業務分掌規程」や「執行役員規則」を提出してくれていたら…もしかしたら、許可取得に至っていたかもしれませんが、実際には何とも言えません。

■執行役員での申請事例はレアケース

以上、執行役員について、紹介しました。

一方は本当に建設業許可を取得できた事例で、もう一方は申請にすらたどりつけなかった事例を紹介しました。

執行役員というポジションを利用した申請事例というのは、まだまだレアケースなので、難しく感じた人は、読み飛ばしてしまっても構いません。

■執行役員での申請は、非常に厳しい？

あくまでも私見ですが、執行役員としての経験やポジションが、許可取得の際の経管の要件を証明する材料として、まったく役に立たないかというと、そうは思いません。

しかし、「執行役員は登記簿謄本に記載されないこと」「比較的規模の大きい会社（取締役が５名程度いる会社）でないと、執行役員であったという事実が認められにくいこと」などから、現時点においては、経管として認められる可能性は、低いのではないかというのが私の判断です。くれぐれも、「執行役員としての経験があれば、十分」といったような早合点は、避けたいものです。

コラム②：行政書士事務所の選び方

行政書士は全国に5万人以上も登録されているので、行政書士事務所を選ぶ際は、何かしらの基準をもって選ばなければなりません。

行政書士が扱える書類は数千～1万と言われており、多岐にわたる種類の書類作成、官公署への提出ができますが、実際には、行政書士がすべての書類作成に精通しているわけではないのです。

もし、みなさんが、行政書士事務所を選ぶ場合には、「専門性」と「地域性」といった2つの視点から検討してみてはいかがでしょうか？

(1)専門性

行政書士の業務には、建設業許可関連の申請のほかにも、「遺言・相続に関する手続」「自動車登録」「契約書作成」「日本国籍の取得」「外国人の在留資格の取得」「内容証明」などがあります。

建設業関連の申請を依頼するのであれば、建設業関連の申請を業務としている行政書士を選ばなければなりません。

また、ひとことで、建設業関連の書類作成といっても、「建設会社を設立したい」「建設業許可を取得したい」「経営事項審査を受けたい」「入札参加資格を取得したい」といったように会社ごとに依頼したい業務は異なるはずです。

建設会社が必要とする行政手続も、細分化すると、実にさまざまな種類があるので、みなさんがこれから依頼しようとする行政書士事務所が、どの業務を専門とし、精通しているのか、よく吟味する必要があります。

(2)地域性

Zoomやメールなどのやり取りが主流になりつつありますが、会社と行政書士事務所の距離が物理的に近いほうが「顔が見えて安心、いざというときすぐ会える」などの利点があります。

それ以外に、建設業関連の申請を依頼するのに地域性が大事な理由があります。

それは、準備する書類、申請書の書き方、要件のチェック項目など申請に関するルールが、自治体よって異なるからです。

自治体ごとにルールがある以上、その自治体のルールを熟知した地域に根差した行政書士に依頼するのがよいでしょう。

なお、「専門性」や「地域性」以外で、行政書士事務所を選ぶ際には、信頼性や対応力も重要なポイントです。事前に口コミや評判を調べることで、その事務所がどのような評価を受けているか把握することができます。また、初回相談時に対応が丁寧かどうかや、質問に対する回答が適切かどうかを確認しましょう。適切なアドバイスやサポートが受けられる行政書士事務所を選ぶことで、円滑な手続が可能になります。

第3章　専任技術者の要件はここがポイント

建設業許可を取得するにあたって「経管」の次に重要なのが「専任技術者」の要件です。専任技術者の要件を理解するのは非常に難しいのですが、その理由は「資格」「卒業経歴」「実務経験」といった3つのパターンの組み合わせを考慮しなければならない点にあります。

資格者がいれば「建設業許可取得が有利になる」という点は間違いありません。しかし、資格者がいないからといって建設業許可を取得できないわけではありません。

特殊な学科（以下「指定学科」）の卒業経歴、過去の工事の実務経験などの組み合わせによっては、当初の予定よりスムーズに建設業許可取得に至るケースもあります。

この章では、そんな「専任技術者の要件」について説明していきます。

1．専任技術者ってなに

「専任技術者」とは、建設工事に関する請負契約の締結・履行を確保するために、営業所ごとに配置が必要な建設工事についての専門的知識を有する人のことを言います。

と言われても、実際には、どのような人が該当するのか、いまいちイメージがつきにくいですね。

そこで、まずは、どういった人が専任技術者としての要件を満たすのか、具体的に見ていきます。

専任技術者の要件をみたすか否か？　言い換えると専任技術者になれるか否か？　は経管の要件に次いで、重要なポイントです。

資格者

建築士や施工管理技士といった資格を持っている人は、専任技術者になることができます。

■該当する資格はあるか？

巻末資料1を見てください。「その資格を持っていると専任技術者の要件を満たす」という資格は、たくさんあります。むしろ、たくさんの資格がありすぎて、1つひとつ見ていくのも苦労するくらいです。

しかし「どの資格を持っていれば、どの種類の建設業許可を取得できるか？」というのは、各自治体が発行している手引などを参考に確認していく他ありません（図表13）。

■2級建築士の場合

たとえば、2級建築士であれば、29ある建設業許可の種類のうち「建築工事」「大工工事」「屋根工事」「タイル工事」「内装工事」の5つの業種で専任技術者になることができます。

■1級土木施工管理技士の場合

1級土木施工管理技士であれば、29ある建設業許可の種類のうち「土木工事」「とび・土工・コンクリート工事」「石工事」「鋼構造物工事」「舗装工事」「しゅんせつ工事」「塗装工事」「水道施設工事」「解体工事」の9つの業種の専任技術者になることができます。

■○は一般、◎は特定

○の場合は一般建設業許可の専任技術者になることのみが認められ、◎の場合は一般建設業許可のみならず特定建設業許可の専任技術者になることも認められます。

このように、１つの資格を持っていると、同時に複数の業種の専任技術者になることができるという意味で、やはり資格者がいる（資格を持っている）と建設業許可取得に有利ということができます。

特殊な学科の卒業経歴

資格の有無に続いて、必ず確認しておきたいのが「指定学科」の卒業経歴の有無です。この指定学科の卒業経歴については、見落としている人が非常に多いので、ぜひ確認してみてください（巻末資料２参照）。

■資格を持っていない人は

資格を持っていない人は実務経験を証明しなければ、専任技術者になることができませんが、実務経験を証明する期間の長さは、指定学科の卒業経歴があるか否かによって、次のような違いがあります。

■指定学科の卒業経歴があると

資格を持っていない場合、通常であれば10年の実務経験が必要なところ、資格を持っていなくても指定学科の卒業経歴があると、10年の実務経験の証明期間が３～５年に短縮されます。なお、10年の実務経

〔図表13　資格の有無と実務経験証明年数〕

資格の有無	実務経験証明の要否・期間	
資格あり	実務経験の証明不要	
資格なし	指定学科の卒業経歴あり	実務経験の証明必要 期間＝３～５年
	指定学科の卒業経歴なし	実務経験の証明必要 期間＝１０年

験の証明期間が３年に短縮されるのか、５年に短縮されるのか、は、下表のとおり卒業した学校の種類によって異なります（図表14）。

■指定学科の数は１３０以上

指定学科は、公表されているだけでも実に１３０以上あります。また、どの指定学科を卒業していると、どの業種の専任技術者の要件を満たすかもパターン分けされています。

ぜひ、都庁や県庁のホームページで公表されている手引きを確認してみてください。

10年の実務経験のある人

「資格」や「指定学科の卒業経歴」がないからといって、専任技術者になることができないかというとそうでもありません。

■資格や指定学科の卒業経歴がなくても

資格や指定学科の卒業経歴に該当しなくても10年の実務経験を証明することによって、専任技術者の要件をクリアし、建設業許可を取得することは可能です。

逆にいうと資格や指定学科の卒業経歴に該当しない場合には、10

〔図表14　卒業した学校の種類と実務経験証明年数〕

卒業した学校の種類	実務経験の証明期間
中学または高校の指定学科の卒業経歴	実務経験の証明期間＝５年
大学または短大の指定学科の卒業経歴	実務経験の証明期間＝３年
専門学校の指定学科の卒業経歴	実務経験の証明期間＝５年 専門士の場合＝３年

年の実務経験を証明しなければ、専任技術者になることができません。

■甲野太郎さんのケース

たとえば、建築施工管理技士や土木施工管理技士の資格を一切持っていない甲野太郎さんがいたとします。その甲野太郎さんが、土木科、建築科、電気科、環境科といった指定学科の卒業経歴がある場合、実務経験の証明期間は3～5年で足ります。

しかし、普通科の卒業の場合、甲野太郎さんは10年の実務経験を証明しなければ、専任技術者になることができません。

■専任技術者要件の証明の難易度

証明の難易度としては、

①資格保有者
②指定学科の卒業経歴＋3～5年の実務経験
③10年の実務経験

といった順番になりますが、地道にコツコツと工事の実績を証明するという点では、10年の実務経験を証明していく方法が、1番手堅く、スタンダードな証明方法だということもできます。

①資格者、②指定学科の卒業経歴、③10年の実務経験のある人の違いをご理解いただけましたでしょうか。

次からより具体的に見ていきたいと思います。

2. 資格は強いが、万能ではない

「専任技術者」になるには、資格を持っていると、とても便利です。資格を持っていれば、合格証・免許証を提示するだけで、専任技術者の要件を証明できてしまうからです。

資格を持っておらず「工事請負契約書」「工事注文書・請書」「請求書・入金通帳」などで、工事の実績（＝実務の経験）を証明しなければ専任技術者として認められない場合と違って、かなりスムーズに申請の準備を行うことができます。

1人の採用で一気に17業種

■1級建築施工管理技士の資格を持っていると

これは、私の事務所で実際にあった話ですが、１級建築施工管理技士の資格を持っている人を採用し「建築工事」「大工工事」「左官工事」「とび工事」「石工事」「屋根工事」「タイル工事」「鋼構造物工事」「鉄筋工事」「板金工事」「ガラス工事」「塗装工事」「防水工事」「内装工事」「熱絶縁工事」「建具工事」「解体工事」という17の業種の建設業許可を１度に取得した会社があります。

■1級建築施工管理技士の資格者が経管の要件も満たしていると

もちろん、別途、経管の要件の証明も必要になります。しかし、採用した１級建築施工管理技士の人が、過去に建設会社の取締役を長いこと経験しており、経管の要件も兼ねそろえている人でした。

ということは、この方を採用し、常勤取締役に就任させることによって、建設業許可の重要要件である「経営業務管理責任者」と「専任技術者」の要件を両方とも満たすことになります。

しかも、一気に17業種もの建設業許可を取得できるのですから、すごい話です。

もっとも、実際には、17業種もの建設業許可を取得する必要はない場合がほとんどで、通常は「塗装工事の許可が欲しい」、「建築工事と内装工事の許可が欲しい」といったように1つもしくは2～3つに絞って、許可取得を目指す場合がほとんどです。

■資格がなければ、資格を取得するか？　資格者を採用するか？

社内に資格者がいない会社の場合、とび・土工・コンクリート工事の許可を取得したいのであれば、自ら、建設機械施工技士や土木施工管理技士の資格の取得に挑戦したり、または、建築工事の許可を取得したいのであれば、建築施工管理技士や建築士の資格者を探してみたりするとよいのかもしれません。

資格を持っているのに実務経験の証明が必要なケース

前項では、資格があると建設業許可取得に有利であるということを書きましたが、実は、資格は、万能ではありません。

一般的には資格を持っていると、実務経験の証明という面倒な作業をショートカットして建設業許可を取得することができます。

■資格があるのに実務経験の証明が必要

しかし、中には、資格があるにも関わらず、実務経験の証明をしなければ専任技術者としての要件が認められないものもあるのです（図表15）。

その代表格が、電気工事の建設業許可を取得するための「第２種電気工事士」「電気主任技術者」、電気通信工事の建設業許可を取得するための「電気通信主任技術者」です。

■第２種電気工事士の場合

たとえば「第２種電気工事士」の場合、免許交付後３年以上の実務経験が必要です。そのため「第２種電気工事士」の資格を使って、電気工事の建設業許可を取得する際には、第２種電気工事士の免許証のほかに、免許交付後３年以上の実務経験を「工事請負契約書」や「注文書・請書」や「請求書・入金記録」で証明しなければなりません。

電気工事の建設業許可を取得したいと考えている会社の中には、多くの電気工事士が在籍しているケースが見受けられます。ただし、第２種電気工事士の資格を使って、建設業許可を取得するには、免許交付後３年以上の実務経験の証明が必要なこ

〔図表15　資格がある場合の原則と例外〕

資格あり	原則：実務経験の証明は不要
	例外：実務経験の証明が必要な場合も

とを知っておいてください。

■第1種電気工事士の場合

なお、同じ電気工事士でも第1種電気工事士の場合には、実務経験を証明することなく電気工事の専任技術者になることが可能です。

このように、一見すると、資格があれば、何でも解決できてしまうようにも見えますが、細かく見ていくと、実務経験の証明が必要な資格もあります。

■どの資格でどの建設業許可を取れるか

どの資格でどの建設業許可を取得できるかについては、細かく場合分けされているので、建設業許可取得に役立ちそうな資格があれば、常に都や県の手引などで確認する癖をつけておくとよいでしょう。

3．意外と使える！　特殊な学科の卒業経歴

資格者の次に「専任技術者」になりやすいのは、指定学科を卒業した経歴のある人です。

建設業許可を取得したいという社長は、社員の卒業経歴を今一度、確認してみてください。

「高校で環境について学んでいた」「機械工学系の専門学校を卒業している」「大学は建築学科だった」という人が、社内にもいるかもしれません。

こんなにある、「指定学科＋実務経験」の成功事例

■資格だけでなく、卒業経歴も大事なわけ

建設業許可取得のお客さまには必ず資格についても確認します。

弊所に建設業許可取得のご相談に見えたお客さまには、「資格者に該当する人がいないか？」を必ず確認するとともに「指定学科の卒業経歴のある人がいないか？」についても、必ず確認するようにしています。

次は、いずれも資格者はいなかったものの「指定学科の卒業経歴＋実務経験」を証明して専任技術者の要件を証明することができた成功事例です。

〈内装工事〉

専門学校の建築科（高度専門士）の卒業経歴＋３年の実務経験の証明

〈管工事〉

大学の機械工学科の卒業経歴＋３年の実務経験の証明

〈電気通信工事〉

高校の電気科の卒業経歴＋５年の実務経験の証明

〈タイル工事〉

高校の農業土木科の卒業経歴＋５年の実務経験の証明

■中学、高校、大学だけでなく専門学校も含まれる

73ページの図表のとおり、指定学科の卒業経歴は、中学、高校、大学の他、専門学校の卒業経歴も含まれます。

また、中学、高校、専門学校の指定学科の卒業経歴があれば、必要な実務経験の証明期間は5年(専門士、高度専門士の場合には3年)、大学の指定学科の卒業経歴があれば、必要な証明期間は3年というように区分けされています。

一覧にない学科での建設業許可取得事例

前記の「建築科」「機械工学科」「電気科」「農業土木科」などは、いずれも、都や県の手引きの一覧に掲載されている学科です(巻末資料2参照)。

■一覧に掲載されていない学科の場合

それでは、一覧に掲載されていない学科は、「指定学科」とは認められないのでしょうか。

結論から言うと、一覧に掲載されていない学科であったとしても「指定学科」として、実務経験の証明期間が3~5年に短縮されることはあります。

■一覧に掲載されていない学科の具体例

たとえば、弊所では、実際に次のような「一覧に掲載されていない学科」の卒業経歴を使って、専任技術者の要件を証明し、建設業許可を取得した例があります。

・「テレビ電気科」の卒業経歴を使って、機械器具設置工事の専任技術者になることができたケース
・「建築室内設計科（高度専門士）」の卒業経歴を使って、とび・土工・コンクリート工事の専任技術者になることができたケース
・「機関学科」の卒業経歴を使って電気通信工事の専任技術者になることができたケース

■名称から想像していたイメージと違う！

「テレビ電気科」だと電気工事？　というイメージですが、意外にも機械器具設置工事の指定学科として認めてもらうことができました。

「建築室内設計科」だと内装工事や建築工事のイメージですが、これもいい意味で予想を裏切り、お客さまのご希望通りの、とび・土工・コンクリート工事の指定学科であると認められました。

「機関学科」についても、文字だけをみると機械器具設置工事や管工事をイメージしそうですが、電気通信工事の指定学科であると認められました。

■卒業証明書のほかに、履修証明書や成績証明書が必要

上記のケースは、いずれも、巻末資料2の学科名には掲載されていません。そのため、卒業証明書とともに履修証明書や成績証明書を持参して事前に都庁に照会を掛けました。その結果、指定学科と認めてもらえたものです。

ただし、あくまでも個別具体的に検討した結果、認めてもらえたにすぎません。そのため、一般

的に「テレビ電気科」だから必ず「機械器具設置工事」の指定学科に該当するというわけではありません。

■指定学科に該当するだけで、実務経験の証明期間が短縮

いずれも、通常であれば10年の実務経験の証明が必要なところ、指定学科に該当すると認められたおかげで、実務経験の証明期間が、3～5年に短縮されたという事例です。

これにより、許可取得の可能性が大いに広がったことは確かです。しかも、卒業証明書や履修証明書や成績証明書を持参して事前に照会を掛け判断を仰ぐだけですから、手間もそれほどかかりません。

■指定学科に該当するかは、許可行政庁に照会を！

このように、一覧に該当がなくても、指定学科として認められたケースがありますので、これから建設業許可を取得する際には、一覧の確認だけであきらめることなく、都庁や県庁に「指定学科に該当しないか」という照会も検討してみてください。

これは、以前、審査の窓口で教えてもらった話ですが、申請者から照会を受けた都庁や県庁は、さらに、国土交通省に照会を掛けるそうです。

その後、国土交通省から都庁や県庁への回答が早ければ、私たち申請者にも早く回答が来ますが、国土交通省からの回答が遅いと、都庁や県庁から私たち申請者に対する回答も2～3週間程度かかることがあるそうです。

4．地道に証明、10年の実務経験

「資格」もなければ「指定学科」の卒業経歴もない場合、専任技術者の要件の証明をあきらめなければならないかというと、そういうわけではありません。

すでに書きましたが、「資格」がなく「指定学科の卒業経歴」もない場合には、10年間の実務経験（工事の実績）を証明することによって、専任技術者になることができるのです。

実務経験の証明の仕方

過去の工事実績・実務の経験を証明するといっても、どうやって証明すればよいのでしょうか。

実務経験の確認資料・証明資料として役に立つのが「工事請負契約書」「注文書・請書」「請求書・入金通帳」の3点です。

■実務経験証明の3点セット

「工事請負契約書」や「注文書・請書」については、説明するまでもありませんね。

過去の工事の実績を証明する場合には「工事請負契約書」や「注文書・請書」が有力な証明資料となります。

■「請求書＋入金記録（入金通帳）」が一般的

一方で、小規模の工事や金額の小さい工事の場合「工事請負契約書」や「注文書・請書」をいちいち取り交わしていないという場合もあるでしょう。

その場合に役に立つのが「請求書・入金通帳」です。

内装工事の実務経験を証明したいのであれば内装工事を請負った際に、発注者（相手先）に交付した請求書の控えと、その相手先から請求金額の入金があったことがわかる銀行の入金通帳が、証明資料になります。

■入金通帳を紛失した場合は

さすがに「請求書の控えを保管していない」という人は、いないと思うのですが、よくあるのが入金通帳の紛失です。

過去に使っていた入金通帳を失くしてしまった場合には、取引先金融機関に過去10年分の出入金明細を発行してもらってください。入金通帳に代わる確認資料として使用することができます。

■10年以上前の請求書＋入金記録

「資格もない」「指定学科の卒業経歴もない」という人は、10年の実務経験を証明しなければならないわけですから、基本的には10年以上前の請求書の控えと入金記録を準備し、現在までの工事実績を1件1件証明していくことになります。

なお、建築一式工事のような規模の大きい工事の場合、契約書が交わされるのが通常なので、「請求書と入金通帳で証明します」と言っても、なかなか認められないことが多いようです。

異業種間の振替

「資格なし」「指定学科の卒業経歴なし」の場合の、実務経験の証明期間は、10年ということを前提に記載してきましたが、実は、異なる業種間での実務経験の振替をすることによって、8年間の実務経験で専任技術者の要件を証明できるケースもあります。

■10年ではなく8年間の実務経験の証明

少し特殊なケースですので、具体例で見ていきます（図表16）。

たとえば、土木工事の経験は「とび工事、しゅんせつ工事、水道施設工事」の経験に振替が認められています。また、建築工事の経験は「大工工事、屋根工事、内装工事、ガラス工事、防水工事、熱絶縁工事」の経験に振替が認められています。

■振替元4年、振替先8年

この場合、振替元の土木工事の経験が4年、振替先の水道施設工事の経験が8年あれば、水道施設工事の経験が10年なくても、水道施設工事の専任技術者の要件を満たすことになります。

同様に、振替元の建築工事の経験が4年、振替先の屋根工事の経験が8年あれば、仮に、屋根工事の経験期間が10年に満たなかったとしても、屋根工事の専任技術者の要件を満たすことになります。

〔図表16　異業種間の実務経験の振替〕

振替元	⇒	振替先
土木工事	⇒	とび、しゅんせつ、水道施設
建築工事	⇒	大工、屋根、内装、ガラス、防水、熱絶縁

■結果的には12年間の証明が必要

ただし、振替をすることができる業種が限られていること、結果的には12年の実務経験の証明が必要になることから、この異業種間の振替制度を利用して、専任技術者の要件を証明するケースはあまり多くないようです。

また、振替ができる業種は、許可行政庁によって異なりますので、必ず、申請する許可行政庁の手引等で、異なる業種間での振替が可能かどうか、確認するようにしてください。

自治体による証明方法の違い

実務経験の証明で最も問題になるのが、自治体によって要求される確認資料の件数が異なるという点です。

それでは、10年間の実務経年を証明するには、全部で何件の工事の確認資料（請求書・入金通帳など）が必要になるでしょうか。

■全部で何件の工事の実績の証明が必要か？

・東京都の場合

以前までは、実務経験の証明には、ひと月につき1件の工事に関する「工事請負契約書」などの確認資料が必要でした。

10年の実務経験を証明するには、1年×12か月分×10年分＝１２０件分以上の「工事請負契約書」

「注文書・請書」「請求書と入金記録」のいずれかが必要だったわけです。

現在では、運用が変わり、３か月に1件という割合に緩和されましたが、緩和されたと言っても、10年の実務経験を証明するには、40件以上の「工事請負契約書」などの確認資料が必要になります。

・神奈川県の場合

神奈川県の手引きを見てみると「各年1件以上」とあり、年1件以上の資料で足ります。つまり1年×10年分＝10件の「工事請負契約書」などの確認資料の提示で、10年の実務経験の証明をすることができてしまうのです。

■**同じ10年なのに「40件も必要」と「10件で足りる」**

同じ10年の実務経験を証明するのに、東京都の場合は40件の確認資料が必要で、神奈川県の場合は10件の確認資料で足りる。

このように実務経験の証明方法には、自治体によって大きな違いがあります。第1章で「許可を取得しやすい自治体に営業所を置く」という方法をおすすめした理由がおわかりいただけたかと思います。

5．実務経験証明の落とし穴

実務経験の証明を「工事請負契約書」や「注文書・請書」よりも、「請求書・入金記録」で依頼される例が多いです。

いちいち、契約書を交わしていないというケースもあるのでしょうが、10年前の契約書を遡って探し出すというよりも、請求書の控えと入金通帳（もしくは取引先金融機関発行の入金明細）を探し出すほうが簡単で、早いといった点に理由があるように思います。

このような、実務経験の証明ですが、いくつか注意しなければならない落とし穴があります。

物販、保守、点検、メンテナンス

機械器具設置工事・管工事・電気工事を請負っている会社の場合、設置工事とともに設置した機器の販売・保守・点検・メンテナンスを業務としていることがあります。

■保守、点検などの請求書には要注意

建設業許可を取得する際に必要になる実務経験の証明とは、建設業許可を取得したい工事の実績（実務経験）の証明です。そのため、実務経験を証明するための契約書や注文書

〔図表17　確認資料と実務経験証明の可否〕

契約書・注文書・請求書などの確認資料の種類	実務経験証明の可否
物品の販売に関するもの	×
設備の保守・点検・メンテナンスに関するもの	×
許可を取得したい業種の工事に関するもの	○

や請求書は、あくまでも許可を取得する工事に関するものでなければなりません（図表17）。

■**工事実績の証明をする以上、工事に関する請求書を**

機器の販売・保守・点検・メンテナンスに関する「契約書」「注文書・請書」「請求書・入金記録」で工事の実績を証明することはできず、工事の実績を証明する以上、工事に関する確認資料の提出が必要になります。

■**駆け出し時代の苦い経験**

これは駆け出し時代の私（横内）の苦い経験です。

管工事の東京都知事許可を取得する際、お客さまから依頼されて１２０件分の「請求書・入金通帳」を持参して、都庁に申請に行ったところ、お客さまからお預かりした請求書の中に「メンテナンス」に係る請求書があるのが、審査の場で発覚しました。

■**審査担当者からの思わぬ指摘**

審査担当者から「これは工事の件数にはカウントされません」と言われ、再度申請手続をやり直す羽目になったという経験があります。

当時は、10年の実務経験を証明するには1か月につき1件、10年で１２０件分の請求書が必要であったため、お客さまから預かった請求書の中に、管工事以外の保守、点検、メンテナンスに関する請求書も含まれていることを確認せずに申請に行ってしまったのです。

■**不足分について、後日補充**

後日、不足分については「管工事の請求書」と「入金通帳」をご提出いただき、改めて都庁に申請に行き、無事120件分の工事実績を証明するに至りました。

工事の実務経験を証明する以上、工事に関する請負契約書、工事に関する注文書・請書、工事に関する請求書・入金通帳でなければなりません。

物販、保守、点検、メンテナンスに関する実績・資料をいくら提出しても、専任技術者の実務経験を証明する際の資料には該当しませんので、ご注意ください。

重複不可ルール

また、実務経験の証明は「1業種につき1期間」といったルールが定められています。

■1業種につき1期間とは

言い換えると重複不可ルールです。

たとえば、平成21年1月から平成30年12月までの10年間120か月を、塗装工事の工事実績として使用したら、その間、どんなに防水工事を行っていたとしても、塗装工事の実績として使用した期間を、防水工事の実績として使用することができません（図表18の図1）。

つまり、塗装工事の建設業許可を取得した後の令和2年12月になって、防水工事の建設業許可が必要になったからといって平成23年1月から令和2年12月の10年間を防水工事の実務経験として使用することは許されません（図表18の図2）。

〔図表18　実務経験期間重複不可の具体例〕

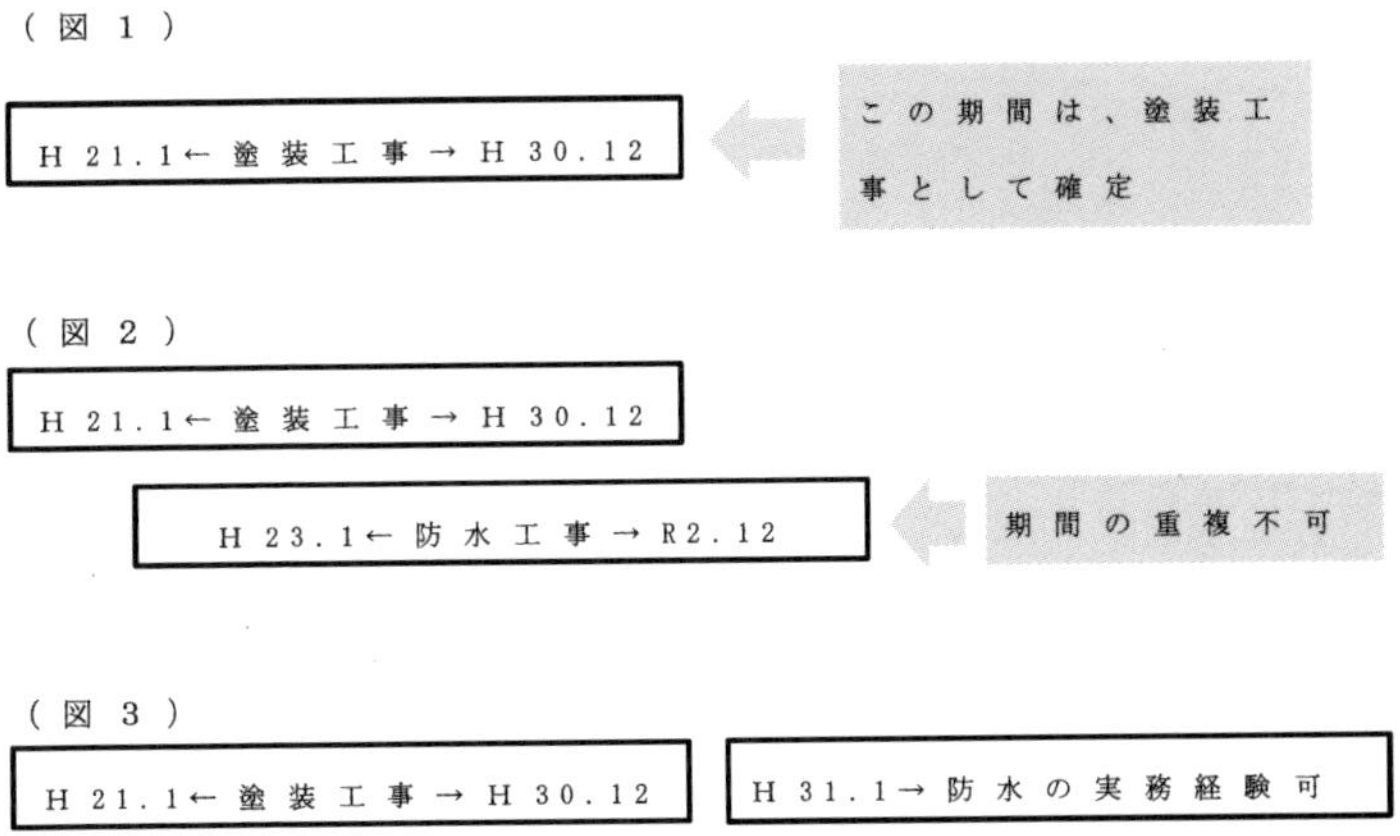

防水工事の実務経験期間として使用されることが許されるのは、塗装工事の実務経験として使用した期間を除いた、平成31年1月以降ということになります（図表18の図３）。

■意外と知らない？　注意が必要

これは意外と知らない人も多いので、注意が必要です。

「塗装工事と防水工事の両方の建設業許可を取得する必要がある」といったように複数の建設業許可を取得しなければならない場合、20年の実務経験期間が必要になるのです。

■どちらを優先したいのか吟味が必要

塗装工事と防水工事のどちらを優先して取得したいのか？　そのためには、いつの

10年をどの工事の実務経験の証明期間として使用するのか？　をあらかじめ吟味する必要があります。

■直近10年の実務経験を何工事の取得に使うべきか？

直近の10年の期間を○○工事の建設業許可を取得するために使用して、○○工事の建設業許可を取得した後になってから、□□工事の建設業許可も取得したいとなった場合には、直近の10年を○○工事の建設業許可を取得するための期間として使用した以上、その10年間は、□□工事を取得するための実務経験期間として使用することはできません。

そのため、10年の実務経験を使用して□□工事の建設業許可を取るのは、さらに10年後ということになります。

■20年の実務経験を証明して2業種を取得

なお、私のお客さまの中には、平成14年～平成23年までの10年間を建築工事の実績とし、平成24年～令和3年までの10年間を大工工事の実績として、建築工事と大工工事の専任技術者を兼任している人がいらっしゃいます。

また、平成11年～平成20年までの10年間を内装工事の実績とし、平成21年～平成30年までの実績をガラス工事の実績として、内装工事とガラス工事の専任技術者を兼任している人もいらっしゃいます。

このように実務経験の証明期間は1業種1期間としてカウントしなければならず、重複して使用するのは不可となっています。

電気・消防は、実務経験のみでは許可を取得できない

続いて、実務経験証明の際の注意点としてあげられるのは、「どんなに実務経験を証明しても、実務経験のみでは取得できない建設業許可がある」という点です。

■実務経験を何年証明しても、無意味？

「資格」や「指定学科の卒業経歴」がなければ「10年の実務経験」を証明することが必要になるという流れで、いままで説明してきましたが、実は、建設業許可の29業種の中には、10年の実務経験を証明したとしても（どんなに長い実務経験を証明したとしても）無資格者が専任技術者になることができない業種が2つ存在します。

それが、電気工事と消防工事です。

電気工事に関しては電気工事施工管理技士、電気工事士、電気主任技術者などの資格が、消防工事に関しては消防設備士などの資格が、それぞれ必要になります。

■電気工事と消防工事の特異性

電気工事と消防工事の建設業許可を取得したいとお考えの人は、この2業種については、実務経験の証明のみで建設業許可を取得することができず、必ず資格が必要になる旨、覚えておいてください。

なぜ？　はじめての許可を取るのに、500万円以上の工事の実績がある

実務経験を証明する際には「工事請負契約書」「注文書・請書」「請求書・通帳」などの確認資料を提示しなければならないことは、記載したとおりです。

■500万円を超えている工事の請求書！

建設業許可の代行申請のご依頼を受けて、確認資料として預かった契約書や入金記録を精査していると、工事の金額が500万円を超えている「契約書」「注文書・請書」「請求書・入金記録」を発見することがあります。

■何が問題だかわかりますか？

建設業許可を取得するのは500万円以上の工事を受注するためです。逆にいうと、建設業許可を取得していない会社は、500万円以上の工事を請負うことができません。

■未許可期間に500万円以上の工事を施工していた？

建設業許可を取得するための実務経験を証明する資料の中に、500万円以上の工事の実績が含まれているということは、未許可期間（建設業許可を取得していない期間）の間に500万円以上の工事を請負っていたということですから、建設業法違反になります。

これはまずいです。

今のところ、未許可期間の間に500万円以上の工事を施工していたことが発覚したからといって、許可を取得できなくなるという経験をしたことはありません。

■直ちに許可を取得して法律違反を回避しましょう。

しかし、そもそも、未許可の間に５００万円以上の工事を請負ってはならないのが大前提です。建設業法に抵触しそうな場合には、直ちに許可を取得して法律違反を回避しなければなりません。

6．資格者採用の落とし穴

実務経験を証明しようとするときの注意点に続いて、専任技術者の要件を満たす「資格者」を採用して建設業許可を取得しようとするときの注意点について、説明させていただきます。「資格者を採用するから建設業許可取得は確実」と思っていると、思わぬ落とし穴があるのも事実です。

過去の経験も踏まえてみて見ましょう。

専任技術者は、申請会社に常勤していることが必要

まず、経営業務管理責任者と同様に、専任技術者は申請会社に常勤していることが必要です。

■名義貸しは法律違反

申請会社に常勤していないにもかかわらず、あたかも常勤しているかの如く装って、建設業許可を取得しようとすることを名義貸しと言います。もちろん、名義貸しは立派な法律違反です。

■常勤性の証明資料

専任技術者の常勤性を証明する資料ですが、経管のときと同様に、健康保険証の事業所名の記載で判断します。

健康保険証に事業所名の記載がない場合は「健康保険・厚生年金被保険者に関する標準報酬決定通知書」や「住民税特別徴収税額納税通知書（徴収義務者用）」で判断することになります。

よくあるのが「健康保険証に事業所名の記載がない」もしくは「採用したばかりで手元に健康保険証が届いていない」という理由で「健康保険被保険者資格取得確認および標準報酬決定通知書」を常勤資料として準備した場合です。

■専技への給料が数万円って？

もし仮に、新たに専任技術者として招き入れた人の標準報酬額の欄の記載が「数万円」だったらどうでしょう。

専任技術者は申請会社に常勤していなければならない存在です。おおむね平日9～17時、週5日勤務しているのにも関わらず標準報酬が数万円だと、1時間あたりの時給が最低賃金を下回ってしまうのではないでしょうか。

■名義貸しが疑われる典型例

これでは名義貸しを疑われても仕方ありませんね。常勤性を証明するために標準報酬決定通知書を提出したにも関わらず、標準報酬決定通知書の月額報酬数万円という記載から非常勤であることがバレてしまうという、何とも皮肉な結果になってしまいます。

重複チェックで引っかかる！

また、前項以外にも、重複チェックで名義貸しが疑われるケースがあります（東京都庁へ建設業許可を申請する際には、データベースへの登録をもとに、申請会社の経管・専技が、他の会社の経管・専技として登録されていないかのチェックを受けます。本書では便宜上「重複チェック」と表記します）。

■申請会社以外での会社での登録

前述のごとく、専任技術者は、建設業許可会社に常勤していることが求められていますから、他の会社に常勤していることはもちろんのこと、他の会社の経管、専技であるということもあり得ないわけです。

■X社のCさんが、Y社で専技登録していたケース

たとえば、CさんをX社の専任技術者として、建設業許可を取得しようとする場合、Cさんが「X社の専技であり、かつY社の専技でもある」ということは、あり得ません。1人の人間であるCさんが、X社にもY社にも常勤しているということがあり得ないからです。そのため、審査の際には、申請会社以外の会社で専技（もしくは経管）として登録されていないか、重複チェックがなされます。

実は過去に、重複チェックに引っかかった経験があります。

■審査の場で、重複登録が発覚！

先の例でいうと、X社からの依頼を受けてCさんを専技として建設業許可を取得するべく、都庁に申請をしに行ったところ、審査の際の重複チェックで、CさんがY社の専技として登録済みであるということが発覚したのです。

■Y社がCさんの登録を削除することで一件落着

この場合、Y社が「CさんをY社の専任技術者から削除する手続（変更届の提出）」をしない限り、X社の申請は受け付けてもらうことができません。私が経験したケースでは、Y社側の変更届の提出し忘れということで、Y社が急いで、CさんをY社の専任技術者から削除することで、解決しました。

■Y社がCさんの登録削除を拒んだら？

しかし、Y社側が変更届の提出を拒んだらどうでしょうか？　Y社としては、Cさんの後任がいないにもかかわらず、Cさんを専任技術者から削除するということは、建設業許可を取り下げることを意味します。

せめて、Cさんの後任が見つかるまで、もう少し待って欲しいという気持ちがわいてこないとも限りません。Cさんの後任がすぐ見つかればよいですが、なかなか見つからなければ、Y社の変更届の提出が遅れると同時に、X社の許可取得もそれだけ遅れてしまいます。

少しでも早く建設業許可を取得したいX社にとっては、たまったものではありません。

■**前の会社での登録状況についても要チェックを**

このように、資格者を採用して専任技術者の要件を満たそうとする場合には「給料をきちんと払っているか（常勤性に疑いがないか）？」「前の会社での登録が残っていないか？」について、しっかりと確認する必要があります。

コラム③：建設業許可取得にかかる費用と期間は

(1)建設業許可取得にかかる費用

建設業許可を取得しようとする場合、登録免許税または申請手数料を行政庁に納付しなければなりません。納付する金額は、大臣許可・知事許可によって異なります（図表19）。

前記以外にも、必要書類取得の手数料が掛かります。また行政書士に依頼した場合は、行政書士費用も掛かります。

(2)標準処理期間

標準処理期間とは、申請から許可がおりるまでの期間を言います。

大臣許可では、概ね90日程度、知事許可では、都道府県ごとに期間が定められています。

例として1都3県を見てみると、東京都は25日、神奈川県は50日、埼玉県は18日、千葉県は45日と各手引に記載があります。

また、補正に要する期間は含まれません。審査の段階でさらに別途書類等を求められる場合もあり、補正や書類不備などがあると、標準処理期間よりも時間を要することになります。

以上のような、費用と期間を考慮のうえ、できるだけ、短い期間で建設業許可を取得したいとお考えの人は、自分の力で申請手続をするよりも、専門的な知識のある行政書士を利用することをおすすめいたします。

行政書士に依頼した場合には、自分でやるよりも行政書士に一定額の報酬を支払わなければならないため、費用が掛かります。

一方で、書類の収集や作成にかかる労力や時間をショートカットできるのも事実です。

一定の費用を先行投資として割り切ることができるか？それとも費用を惜しんで自分で処理することを選ぶか？まさに経営者としての感覚が試されるところであります。

〔図表19　申請区分と手数料〕

申請区分	大臣許可	知事許可
新規 許可換え新規 般・特新規	登録免許税として 15万円	手数料として 9万円
業種追加	手数料として 5万円	手数料として 5万円
更新	手数料として 5万円	手数料として 5万円

第4章　業種追加申請はここに注意

第1章から第3章までは、新規で建設業許可を取得する新規申請についてご紹介してきましたが、この章では、いまある建設業許可に新たに業種を追加する申請、言い換えると建設業許可の業種を増やす申請について、見ていきましょう。

建設業許可を1度も取得していない人にとって、1度取得した業種を増やすということはイメージしにくいかもしれませんが、会社の規模や工事の金額が大きくなるにつれて、必ず必要になってくる申請です。

「滅多にないレアな手続」というわけではないので、事前に知っておくとよいと思います。

1. 業種追加申請ってなに

「業種追加申請」とは、いまある建設業許可業種に、新たに業種を追加する申請を言います。

とび・土工・コンクリート工事の許可に土木工事を追加する、内装工事の許可にガラス工事を追加する、電気工事の許可に電気通信工事を追加する、建築工事の許可に内装工事や防水工事を追加するなど、さまざまなパターンがあります。

新規申請、更新申請、業種追加申請との違い

まず、業種追加申請と新規申請・更新申請の違いについて説明します。

■新規申請とは

新規申請とは、まったく建設業許可を持っていない状態から（0の状態から）、建設業許可を取得するために行う申請を言います。

会社設立後すぐに建設業許可を取得するようなケースは、新規申請に該当します。

■更新申請とは

次に、更新申請とは、5年ごとに必要な「1度取得した建設業許可を維持するため」の申請を言います。

建設業許可の有効期限は5年です。そのため、5年ごとに更新申請を行う必要があります。

更新申請の際には、第2章や第3章で説明した経管・専技の許可要件に不備がないか、更新の時点においても許可要件を充足しているかの確認が行われます。

5年の期限を切らしてしまったとか、経管・専技の退職で許可要件が欠けてしまっていたような場合には、建設業許可を更新することができません。

■業種追加申請とは

そして、業種追加申請とは、いまある建設業許可業種に、新たに業種を追加する申請を言います。

1度新規で建設業許可を取得した会社が、新しい建設業許可業種を増やすために取る手続です。

では、業種追加は、どういったときに必要になるのでしょうか？

次のページで具体的にみていくことにします（図表20）。

〔図表 20　業種追加申請のイメージ〕

業種追加申請	＝	すでにある内装工事	＋	あらたに追加するとび工事

新たな業種で５００万円以上の工事を施工する際に必要

■業種追加申請が必要なケース

業種追加は、今持っている建設業許可業種以外の違う業種で、５００万円以上の工事を施工する際に必要です。

たとえば、すでに内装工事の建設業許可を持っている会社が、とび・土工・コンクリート工事でも５００万円以上の工事を施工することになった場合。内装工事の建設業許可は持っているので、５００万円以上の内装工事を施工することは、何の問題もありません。許可を持っている内装工事であれば、自由に５００万円以上の工事を受注・施工することができます。

■業種追加しないと建設業法違反になる

しかし、建設業許可を持っていない、とび・土工・コンクリート工事で５００万円以上の工事を施工することは、建設業法違反になってしまいます。

とび・土工・コンクリート工事で５００万円以上の工事を施工するには、とび・土工・コンクリート工事の建設業許可を取得しなければなりません。

このような場合、内装工事の建設業許可をすでに持っているわけですから、とび・土工・コンクリート工事の建設業許可を取得するには「新規申請」ではなく「業種追加申請」を行うということになります。

■積極的な業種追加・消極的な業種追加

一概に「積極的・消極的」と明確に区分けできるわけではありませんが、私が、お客さまと接触している中で、あえて、分類分けをさせていただくと業種追加申請は、自ら自発的・積極的に行う会社もあれば、取引先や元請会社から催促されて、嫌々行う会社もあります。

他の業種でも積極的に大きい規模の工事を施工していきたいという成長意欲のある会社は、業種追加申請に前向きですが、いまある範囲で業務を行っていきたい、事業規模を拡大する必要はないと考えている会社は、業種追加には乗り気でないケースが多いように思います。

2．実際の業種追加申請事例

単純な新規申請や5年に1度の更新申請と比較して、業種追加申請は、初めて行うには、いまいちイメージが沸きにくく理解しずらい申請かもしれません。そこで、実際に業種を追加した事例を3つご紹介させていただきたいと思います。

なお、業種追加申請は、新規許可申請と違って、すでに、建設業許可を持っている以上、経管が会社に常勤していることが前提の申請ですので、経管の要件が問題になることは少なく、専任技術者が「追加する業種の要件を満たしているか？」といった点においてのみ問題になります。

社長が2級土木施工管理技士の試験に合格したケース

まず、社長が2級土木施工管理技士の試験に合格したケースからご紹介しましょう。

2級の施工管理技術士の試験に合格するというケースは、よくあります。

■10年の実務経験で、とび・土工工事の許可取得

この会社は、当初、とび・土工・コンクリート工事の建設業許可のみを持っていました。とび・土工・コンクリート工事は社長の10年の実務経験を証明して、社長自身が専任技術者になって、取得しています。

■2級土木施工管理技士の資格で、7業種追加

その後、社長が2級土木施工管理技士（土木）の試験に合格しました。

2級土木施工管理技士（土木）の資格を持っていると「土木工事」「とび工事」「石工事」「鋼構造物工事」「舗装工事」「しゅんせつ工事」「水道施設工事」「解体工事」といった合計8つの建設業許可の専任技術者の要件を満たすことになります。

その結果、新たに社長自身を「土木工事」「石工事」「鋼構造物工事」「舗装工事」「しゅんせつ工事」「水道施設工事」「解体工事」の専任技術者にして全7業種を追加することに成功しました。

■社長自身が猛勉強？

このケースでは、社長自身が資格試験の勉強をし、資格を取得しましたが、もちろん社員が2級土木施工管理技士の試験に合格したような場合でも、同様に業種追加をすることが可能です。

取引先から電気通信工事の許可を取るように催促されたケース

次は、取引先から電気通信工事の許可を取るように催促されたお客さまのケースです。

この会社は、長年（20年以上）に渡って電気工事の建設業許可を取得し電気工事専門で経営をしてきました。

そのため、電気通信工事の許可取得については、あまり乗り気ではなく、どちらかというと「取引先が言うもんだから仕方なく」という感覚でした。

■社長の10年の経験を証明できず

まず最初に、社長の10年の電気通信工事の実務経験を証明して業種追加する方法を考えましたが、この会社には、6～7年程度の電気通信工事の実績しかなく、10年の実務経験を証明することができませんでした。

■顧問税理士からのアドバイス

実は、弊所にお越しになる前、顧問税理士にも相談していたようですが、顧問税理士からは「10年の実務経験を証明することができない以上、電気通信工事の建設業許可を取得することはできない」と、あきらめるように説得されていたようです。もちろん税理士さんをダメだしするつもりは、毛頭ありませんが、その税理士の先生の経験や知識からできる精一杯のアドバイスだったのでしょう。

ただ、取引先からの要請で、どうしても電気通信工事の建設業許可を取得しなければならないという事情もあり、簡単にあきらめるにはいかなかったようです。

■電気科の卒業経歴を使って10年を5年に短縮

そこで、社長の卒業経歴を伺ったところ、なんと高校の電気科の卒業経歴をお持ちでした。「電気科」は、電気通信工事の指定学科に該当します。

ということは、電気通信工事の実務経験の証明期間を、10年から5年に短縮することができます。

これがきっかけで、5年前～申請時点までの電気通信工事の請求書や入金記録をご用意いただき、5年間の電気通信工事の実務経験を証明することによって、無事、電気工事に電気通信工事を追加することができました。

もし、仮に「電気科」の卒業経歴がなかったら、電気通信工事業の追加を断念せざるを得ない、とてもシビアな事案でした。

10年の実務経験を証明して内装工事にガラス工事を追加したケース

この会社の場合、初めて取得した建設業許可は内装工事です。内装工事の建設業許可を取得した際には、社長の10年の内装工事の実務経験を証明して内装工事の建設業許可を取得しました。

■内装工事だけでなく、ガラス工事の許可が必要に

当初は内装工事の建設業許可のみで問題ありませんでしたが、のちにガラスの取付など、ガラス工事に分類される工事の施工も行うようになり、徐々に請負金額も大きくなってきたため、ガラス工事の追加取得に踏み切ったというケースです。業歴が長くなるにつれて、本来持っている業種以

外の工事で請負金額が大きくなってくるということは、よくあることです。

重複不可ルールでも述べましたが、１度内装工事で使った実務経験期間を、ガラス工事の実務経験期間として重複して使用することはできません。

■内装10年、ガラス10年、合計で20年

弊所相談の時点では、平成10年11月〜平成20年10月までを内装工事の実務経験として建設業許可を取得されていたので、それ以降の平成20年11月〜平成30年10月までをガラス工事の実務経験期間として使用しました。

■建築施工管理技士の資格を持っていたならば

もしこの社長が、建築施工管理技士（「１級」もしくは「２級仕上げ」）の資格を持っていれば、実務経験の証明をすることなく、ガラス工事を追加することができました。また、建築科や都市科といった指定学科を卒業していれば、ガラス工事の実務経験証明期間は10年ではなく5年に短縮されるところでした。

しかし、そういった特殊な事情はなかったので、ガラス工事の許可を追加で取得するには、社長の10年の実務経験を証明することが必要でした。

■20年の実務経験で２業種を取得

内装工事に10年、ガラス工事に新たな10年、合計20年。資格や指定学科の卒業経歴がないと、２業種取得するだけでも、20年の実務経験期間が必要です。

3. 業種追加あるある

取引先からの要望にせよ、自ら積極的に業種追加するにせよ、いまある建設業許可に新たな業種を追加する業種追加申請は「急ぎ対応」を求められることが多いです。目の前に５００万円以上の工事の施工が迫っているわけですから無理もありません。

しかし、実際に行政書士実務を行っていると、多くの会社で共通している「これはちょっとまずくないですか？」といったケースに遭遇することが頻繁にあります。本来であれば、スムーズにいくはずの申請がちょっと手こずったり、事前に修正や変更が必要になったりすることがあります。

そこでここでは、そんな業種追加申請の際によくある不都合をみて見ましょう。

決算変更届の提出漏れ

本当によくあるケースとして、決算変更届をはじめとした変更届の提出を漏らしているケースをご紹介します。

■決算変更届の提出漏れがあると、業種追加できない

少なくとも東京都においては、決算変更届の提出漏れがあると業種追加申請を受け付けてくれません。

こんなに急いで手続を進めて欲しいとお願いしているのに、先に進めてくれないのは、おかしい！と言って怒りますか？

■変更届提出の法律上の義務

決算変更届をはじめとした各種の変更届（役員の変更、本店所在地の変更、資本金の変更など）は、変更後○○日までに届出をしてくださいという法律上の義務があります。

建設業許可業者には「５００万円以上の工事を施工できる」という許可が与えられるとともに「重要な変更事項が発生した際には、許可行政庁に届け出てください」といった義務もあります。

■役員の変更や本店所在地の変更がなくても

小規模事業者の場合、役員の変更や本店所在地の変更は滅多にあることではないかもしれません。しかし、毎年度、決算を迎えます。

決算変更届とは、事業年度終了後4か月以内に、必ず、許可行政庁へ提出することが義務づけられている決算の報告のことを言います。

そのため、決算変更届は、毎年、毎年、事業年度が終了するたびに4か月以内に提出していなければならない書類であり、決算変更届の提出漏れは、建設業法に違反していることになります。

■法律に違反している会社の申請を受け付けることはできかねる？

行政としても、建設業法に違反している会社の申請をやすやすと受け付けるわけにはいきません。もしそんなことをしたら、建設業法を忠実に遵守している会社との間で不公平になってしまいます。

そのため、業種追加申請の際には、過去の決算変更届に提出漏れがないかをチェックすることになります。急いで欲しい、早く手続をして欲しいという会社に限って、過去の届出を怠っているというケースが散見されます。

■足元をすくわれかねない変更届の提出漏れ

いざ、急いで許可業種を増やさなければならないといった場合に、足元をすくわれかねないので、各種変更届については、提出の必要性をよく理解したうえで、期限内に提出するように心がけてください。

直前3年の各事業年度における工事施工金額

決算変更届を提出する際には、次項の書類の「その他の建設工事の施工金額」の記載にも注意をしてください。

■その他工事の売上高に注意！

次項の「直前3年の各事業年度における工事施工金額」は、内装工事ととび工事の建設業許可を持っている会社が、過去3年度分の完工高を記載して提出している書類です（図表21）。

内装工事ととび工事の欄には、売上金額がそれぞれ記入されていますが、「その他工事」の欄には、売上金額が0円となっています。つまり「内装工事ととび工事以外には、工事は施工していません」という記載になっています。

〔図表21　直前３年の各事業年度における工事施工金額〕

様式第三号（第二条、第十三条の二、第十三条の三関係）

（用紙Ａ４）

直前３年の各事業年度における工事施工金額

（税抜／千円）

事業年度	注文者の区分		許可に係る建設工事の施工金額				その他の建設工事の施工金額	合計
			内装工事	とび工事	工事	工事		
第１５期 R○年４月　１日から R○年３月３１日まで	元請	公共	0	0			0	
		民間	3,000	0			0	3,000
	下請		80,000	2,050			0	82,050
	計		83,000	2,050			0	85,050
第１６期 R○年４月　１日から R○年３月３１日まで	元請	公共	0	0			0	0
		民間	2,690	0			0	2,690
	下請		82,000	3,210			0	85,210
	計		84,690	3,210			0	87,900
第１７期 R○年４月　１日から R○年３月３１日まで	元請	公共	0	0			0	0
		民間	4,500	0			0	4,500
	下請		90,000	3,600			0	93,600
	計		94,500	3,600			0	98,100
第　期 年　月　日から 年　月　日まで	元請	公共						
		民間						
	下請							
	計							
第　期 年　月　日から 年　月　日まで	元請	公共						
		民間						
	下請							
	計							
第　期 年　月　日から 年　月　日まで	元請	公共						
		民間						
	下請							
	計							

■管工事の業種追加できますか？

もし仮に、この会社が「管工事」の業種を追加したいとなった場合です。

前ページの表記からすると「内装工事」「とび工事」の実績はあるものの「それ以外の工事」つまり「管工事」の実績はないことになるので「内装工事」と「とび工事」以外の、管工事の実績はなかったということになります。

本当に管工事の実績がなかったのであれば、仕方ありません。

■実績があるにも関わらず、0で提出していると

しかし、実際には管工事の実績があるのに「その他工事」の欄に売上高を振り分けるのを忘れていたという、うっかりミスの場合。せっかく管工事の実績があるのに、その実績を使うことができません。

なぜなら「その他工事」の実績が0という記載と、管工事の実績(経験)を証明するという行為との間に、齟齬が生じるからです。

管工事の実績があるのにうっかりミスで、その実績を使えなくなるとしたら、もったいなさすぎますね。

〔図表22　変更届と申請書類の矛盾〕

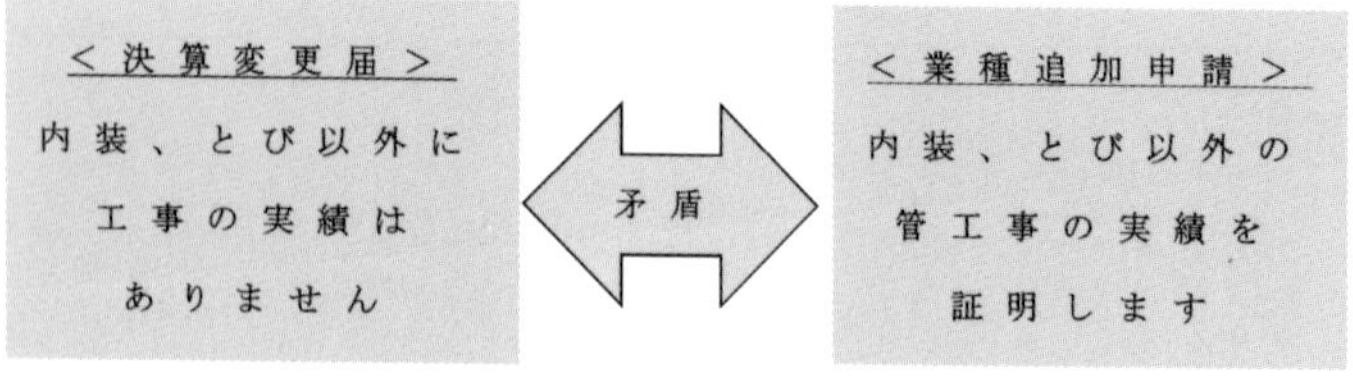
< 決算変更届 >
内装、とび以外に工事の実績はありません
矛盾
< 業種追加申請 >
内装、とび以外の管工事の実績を証明します

■実際には、補正・訂正でなんとかなることも

実際には、決算変更届の訂正を出すことにより、あとから金額を修正することはでき、まったく実績を使えないということはありません。

しかし、内装・とび以外の「その他工事」の金額が０円になっているにもかかわらず、自社の管工事の実績を証明するという点について、矛盾があることはご理解いただけましたでしょうか。

■許可を取得していない工事の売上も把握する

業種追加をするには、決算変更届の提出漏れがあってはならないのと同時に、決算変更届を提出する際には、許可を取得している工事の売上とそれ以外の工事の売上とを正確に記載し、当該事業年度において、どの工事でどれだけ売り上げたのかを把握できるようにしておかなければなりません。

すこし、細かい指摘になりましたが、自社の実務経験を利用して業種追加をしようとする際には、必ず確認する部分です。一度、自分の会社の決算変更届の「直前３年の各事業年度における工事施工金額（様式第三号）」を確認してみてください。

コラム④：必要書類の集め方

建設業許可申請には、様々な書類が必要となりますが、「役所から取り寄せる書類」と「会社にある書類」といったように区分けしていくと、必要書類の準備がはかどるのではないでしょうか。

(1) 役所から取り寄せる書類

①履歴事項全部証明書

会社の登記簿謄本のことです。法務局で取得することができます。

②納税証明書

知事許可の場合、法人事業税納税証明書や個人事業税納税証明書が必要となります。都道府県税務事務所で取得することができます。

③登記されていないことの証明書

成年被後見人または被保佐人に該当しない旨の登記事項証明書です。法務局・地方法務局の本局で取得することができます。申請する会社の取締役全員分が必要です。

④身分証明書

成年被後見人または被保佐人とみなされる者に該当せず、破産者で復権を得ない者に該当しない旨の市区町村の証明書です。本籍地の市区町村役場で取得することができます。申請する会社の取締役全員分が必要です。

役所から取り寄せる書類については、ネットで申請できるもの、郵送で取得依頼するもの、窓口（対面）で取得した方が早いものなど、取得の方法は、ケースによって使い分けるとよいでしょう。

(2) 会社にある書類

①定款

会社設立時に作成する書類です。

許可申請の際には、定款の記載事項と会社の現状が合致しているか確認してください。「本店所在地を変更したにも関わらず、定款の記載が、旧住所のままになっていた」というような「定款記載事項」と「会社の現状」の不一致がないように、事前にチェックしておく必要があります。

②財務諸表

貸借対照表・損益計算書・株主資本変動計算書・個別注記表が必要となります。毎事業年度終了後に税理士さんから預かる「決算報告」の中に入っています。

申請の際の注意点としては、この財務諸表を、建設業法で定める様式に転記しなおす必要があるということです。建設業許可申請の際に提出を求められる財務諸表は、あくまでも建設業法用に記載しなおした財務諸表です。

税務申告に使用した財務諸表をそのまま添付しても、許可を取得することができませんので、注意が必要です。

上記以外にも、申請する自治体によって別の書類を用意しなければならない場合があります。また申請段階でさらに必要な書類が求められることもあります。

建設業許可申請に必要な書類の集め方を、事前に知っておくことで、時間や労力を無駄にすることなく、申請準備をすることができるでしょう。

建設業許可を急ぎで取得したい場合、どれだけ短時間で必要書類を準備できるか？　といった点が、ポイントになってきます。

たとえば、東京都文京区小石川に事務所がある弊所の場合。

文京都税事務所には、歩いて30秒で行くことができ、さらに東京法務局には自転車で15分程度で行くことができます。弊所のような立地条件の場合、法人事業税納税証明書や登記されていないことの証明書を、わざわざ郵送で取得する必要はありません。

しかし、一方で身分証明書を取得する場合は、どうでしょう？　身分証明書は、本籍地の市区町村役場で取得する書類です。本籍地を知るには、まずは「本籍地の記載のある住民票」を取得しなければなりません。

仮に、住民票上の住所が、文京区にあったとしても、本籍地が北海道であった場合には、身分証明書を北海道にある役場まで郵送請求をしなければなりません。記載の不備、定額小為替の同封漏れ等があると、さらに取得が遅れてしまう可能性もあります。

「たかが、書類集め」と侮ることなかれ。時短を望むのであれば、丁寧で迅速な作業が必要になります。

第5章　特定建設業許可取得の申請はここがポイント

ただ単に「建設業許可」という場合、通常は「一般建設業許可」を指します。これに対して「特定建設業許可」という種類の許可もあります。

「一般」と「特定」というように対比されたかたちで使用されますので、聞き馴染みのある人もいるかもしれませんね。

特定建設業許可は、高度な技術や専門知識が必要な建設工事に対して認められる許可であり、厳格な基準が設けられています。一般建設業許可と比較して、特定建設業許可を取得することは難易度が高く、それだけ責任も重大です。

そこで、一般建設業許可とは異なる特定建設業許可の要件や取得事例について、見ていきましょう。

1. 特定建設業許可ってなに

今まで述べてきたのは主に「一般建設業許可」についてですが、ここでは少しグレードを上げて「特定建設業許可」についての説明になります。

一般建設業許可と特定建設業許可を理解するついでに、知事許可と大臣許可の違いについても、理解していきましょう。

キーワードは「金額」「地域」です。

一般建設業許可と特定建設業許可との違い

■特定建設業許可とは

５００万円以上の工事を施工するには、建設業許可の取得が必要です。この建設業許可を一般建設業許可と言います。

これに対して、特定建設業許可とは「元請」の立場で「下請に４５００万円以上（建築工事の場合は７０００万円以上）」の工事を発注する際に必要な建設業許可を言います（図表23）。

あくまでも「元請」の立場であること、「下請に出す金額が４５００万円以上」であることの２点が、特定建設業許可が必要か否かの判断基準になります。

■こんな場合は、特定建設業許可が必要ない

そもそも、次の場合には特定建設業許可を取得する必要はなく、一般建設業許可の取得で足ります。

- 元請の立場にない場合
- 元請の立場になったとしても工事のすべてを自社で施工する場合
- 元請の立場で下請に工事を発注する場合でも、下請への工事の発注金額が４５００万円未満の場合

〔図表23　特定許可が必要となる金額の基準〕

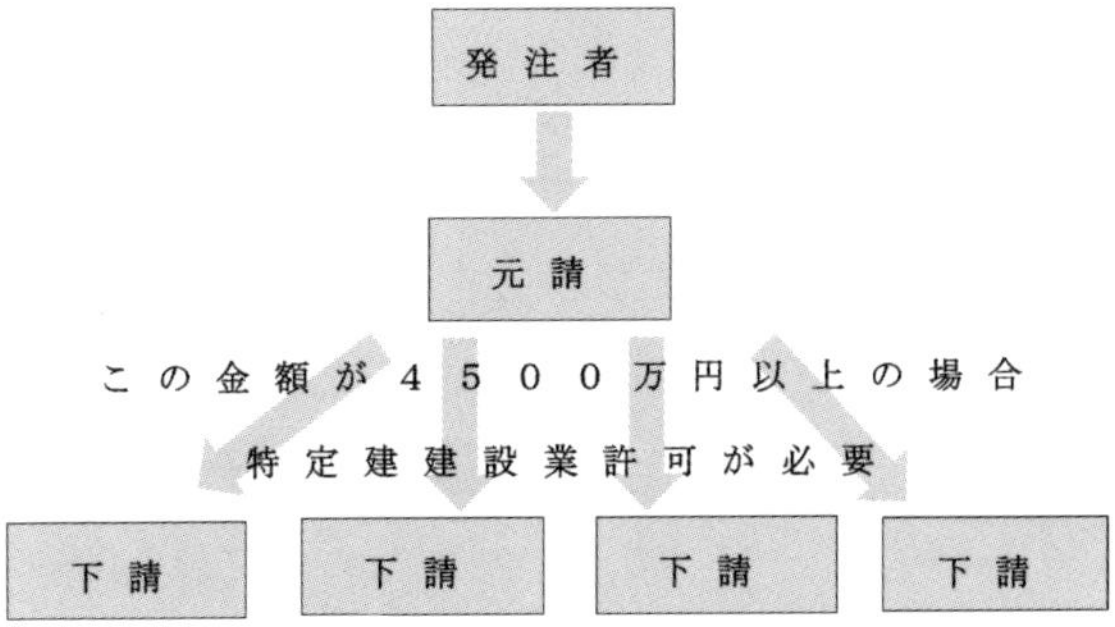

■一般建設業許可で受注できる金額の上限

よく「一般建設業許可で受注できる工事施工金額の上限はいくらですか？」といった質問を受けることがありますが、一般建設業許可で受注できる金額に上限はありません。

元請の立場で、下請に４５００万円以上の工事を発注する際に、一般建設業許可ではなく、特定建設業許可が必要ということです。

知事許可と大臣許可との違い

建設業許可には「一般と特定」の違いの他に「知事許可」と「大臣許可」の違いもあります。

ではこの「知事と大臣」の違いはなんでしょうか？

■知事許可と大臣許可の違い

知事許可とは営業所が１つの都道府県内のみにある場合を言い、大臣許可とは営業所が複数の都道府県にまたがって存在する場合を言います。

〔図表24　知事許可と大臣許可の違い〕

【知事許可】	【大臣許可】
営業所が１つの都道府県内	営業所が複数の都道府県

営業所が１つしかない会社と、営業所が２つある会社を例に見ていきましょう。

①営業所が１つしかない会社の場合

その営業所が、東京都内にあるのであれば東京都知事許可、埼玉県内にあるのであれば埼玉県知事許可になります。

②営業所が２つある会社の場合

その営業所が２つとも東京都内にある場合には、東京都知事許可、２つとも埼玉県内にあるのであれば、埼玉県知事許可になります。

営業所の一方が東京都内、もう一方が埼玉県内にあるとした場合。

この場合、東京都知事許可と埼玉県知事許可の２つの許可を取得するのではなく、大臣許可を取得することになります。

これが、知事許可と大臣許可の違いです。

■金額を基準にした区分けか、場所を基準とした区分けか

一般許可と特定許可は、工事の施工金額を基準に区分けされている許可であるのに対して、知事許可と大臣許可は、営業所の場所を基準に区分けされている許可であると言うことができます。

豆知識：般特新規申請と許可換え新規申請

せっかく「一般・特定」の違い「知事・大臣」の違いについて理解できたので、ちょっとした豆

知識として「般特新規申請」と「許可換え新規申請」についても説明させていただきます。

■般特新規申請とは

まず「般特新規申請」とは、一般建設業許可を特定建設業許可に、もしくは特定建設業許可を一般建設業許可に切り替える際の申請を言います。

後述する技術者の要件、財産的要件を満たせば、一般建設業許可を特定建設業許可に切り替えることができます。この一般建設業許可を特定建設業許可に切り替えるための申請を「般特新規申請」と言います。

なお、技術者の退職や財務状況の悪化により特定建設業許可を維持できなくなった場合には、特定建設業許可を一般建設業許可に格下げしなければなりません。その場合も、やはり般特新規申請を行うことになります。

■許可換え新規申請とは

「許可換え新規申請」とは、国土交通大臣または都道府県知事の許可から他の都道府県知事の許可または国土交通大臣許可に変更する場合に必要な申請を言います。

ここでも、営業所が1つしかない会社の場合と、営業所が2つある会社の場合を例に見ていきましょう。

①営業所が1つしかない会社の場合

営業所が1つしかない会社が東京都内にある営業所を千葉県内に移転した場合、東京都知事許可から千葉県知事許可に切り替えなければなりません。

また、東京都内にある本店のほかに、神奈川県内に営業所を設置した場合には、東京都知事許可を大臣許可に切り替えなければなりません。

この場合に行うのが、許可換え新規申請です。

②営業所が2つある会社の場合

営業所が2つある会社が埼玉県内の営業所を廃止し、東京都内の営業所1つとなった場合、大臣許可を東京都知事許可に切り替えなければなりません。

この場合に行うのも、許可換え新規申請です。

〔図表25　般特新規申請と許可換え新規申請〕

【般特新規申請】	【許可換え新規申請】
一般許可↕特定許可	大臣許可↕知事許可 知事許可↕他の知事許可

第4章で説明した業種追加申請、更新申請に加えて、般特新規申請、許可換え新規申請と、さまざまな申請の種類があるのも、建設業許可の特徴であると言えます。

まずは、大まかに概要を理解したうえで、自分の会社がどういった状況にあるのかを把握し、必要な申請を検討していくという姿勢が大事になります。

2. 特定建設業許可を取得するための要件

一般建設業許可と特定建設業許可の違いがわかったところで、特定建設業許可を取得するためには、一般建設業許可を取得するのと違って、何か特殊な要件が存在するのでしょうか？

ここでは特定建設業許可を取得するための要件について、見ていきましょう。

技術者の要件

特定建設業許可は、元請の立場で、下請に４５００万円以上の工事を発注する場合に必要な許可です。

特定建設業許可が必要になる工事は、規模が大きく、工期も長く、多数の下請を用いて施工される複雑な工事になります。

■1級の資格者であることが原則

そのため、特定建設業許可の専任技術者になるには1級の資格が必要であるのが原則です。

たとえば、2級建築士の資格を持っている場合「建築工事」「大工工事」「屋根工事」「タイル工事」「内装工事」の5つの業種の一般建設業許可の専任技術者になることができますが、特定建設業許可の専任技術者になることはできません。

これに対して、１級建築士の資格を持っている場合「建築工事」「大工工事」「屋根工事」「タイル工事」「鋼構造物工事」「内装工事」の６つの業種の一般建設業許可の専任技術者になることができるのみならず、おなじく６つの業種で特定建設業許可の専任技術者にもなることができます。

■指導監督的な実務経験の証明

もっとも、１級の資格を持っていなくても、指導監督的な実務経験を証明することによって、特定建設業許可の専任技術者になれるという特殊なケースもあります。

「土木工事」「建築工事」「電気工事」「管工事」「鋼構造物工事」「舗装工事」「造園工事」の７つの業種を除いて「許可を受けようとする建設業に係る建設工事で、発注者から直接請け負い、その請負代金の額が４５００万円以上のものに関して、２年以上の指導監督的な実務経験を証明できた場合」には、１級の資格を持っていなくても、特定建設業許可の専任技術者になることができるのです。

■指導監督的な実務経験とは

この「指導監督的な実務経験」とは、「建設工事の設計または施工全般について、元請として工事現場主任または工事現場監督者のような立場で、工事の技術面を総合的に指導監督した経験」を言います。

このような指導監督的な実務経験を証明することは、非常に難しいため、１級の国家資格がないと、特定建設業許可の専任技術者になることができないという理解でよいかと思います。

財産的要件

一般建設業許可を取得する際の財産的要件は、直近の確定した決算の純資産合計が500万円以上あることでした。もし、仮に500万円未満であった場合には、500万円以上の預金残高証明書が必要である点については、すでに述べたとおりです。

■特定建設業許可を取得するには、500万円じゃたりない！

特定建設業許可を取得するための財産的要件としては、次の4つが挙げられます。

①欠損比率（欠損の額が資本金の20％を超えていないこと）
②流動比率は（75％以上であること）
③資本金額は（2，000万円以上であること）
④自己資本は（4，000万円以上であること）

この4つの要件をすべて満たしている必要があります。

■税理士の先生に相談も

この4つの要件について、自分で判断することが難しいというときは、顧問税理士の先生に確認を取ってみましょう。

■一般許可に比べて、厳格な財産的要件

前述の通り、特定建設業許可は、元請の立場で、下請に４５００万円以上の工事を発注する場合に必要な許可です。

工事の規模が大きく、工期も長く、多数の下請を用いて施工されるわけですから、万が一にも、元請会社の財務状況が悪化すると工事の中断を余儀なくされたり、下請への契約金の未払いが発生するなど、多方面に大きな影響を及ぼします。

そのため、特定建設業許可を取得する際には、一般建設業許可を取得する際に比べて厳格な財産的要件を設定し、前記のような不都合が生じることを防いでいるのです。

このことが一般建設業許可を取得するよりも特定建設業許可を取得することをより難しくさせている要因であるということができます。

■更新の際にも要件を満たしていることが必要

特定建設業許可を取得する際に必要な技術者の要件、財産的要件は、特定建設業許可を更新する際にも満たしている必要があります。

更新の際に「１級の技術者が常勤で在籍していること（技術者の要件）」「更新期限の直前の確定した決算で４つの要件を満たしていること（財産的要件）」が、特定建設業許可を更新する条件になります。

もし仮に、更新の際に特定建設業許可の要件を満たしていないようであれば、一般建設業許可に切り替えざるを得なくなります。

3. 特定建設業許可が人気のわけ

当事務所に建設業許可取得についてご相談に見えるお客さまの実に9割が、弊所のホームページをご覧になったうえで、お問い合わせをいただいております。

事務所のサイトには、さまざまな建設業許可取得に関する情報や実績を掲載していますが、そのなかでも、特にアクセス数が多い（人気が高い）のが、特定建設業許可の取得に関するページです。

そこで、なぜ、特定建設業許可の取得は、それほど、人気があるのかについて、私見を交えながら説明していきます。

元請になれる

勘違いしないでください。

なにも「一般建設業許可だと元請になれない」というわけではありません。

元請の立場として工事を受注し、下請に4500万円以上の工事（建築工事の場合、7000万円以上の工事）を発注する場合に必要になるのが特定建設業許可です。

そのため、特定建設業許可を取得しておけば、多くの下請を利用して、より金額の大きい工事を元請の立場として受注できるというメリットがあります。

■建設業界の多重下請構造

建設業界は多重下請構造となっており、１つの工事を完成させるには、３次請けや４次請けが当たり前の業界です。残念なことですが、下請になればなるほど、取り分が少なくなり、利益率も悪くなっていくことは容易に想像がつきます。

また、建設業界に限らないことですが、下請業者というのは、どうしても元請に自社の経営状況を左右されやすく、元請に運命を決められてしまうというリスクが常にあります。

■脱下請化と利益率のアップ

そんな中、特定建設業許可を取得し、元請として工事を受注できるということは、脱下請化を図ると同時に、利益率の高い工事を施工できるなど、売上・利益をアップさせることができる可能性を秘めているのかもしれません。そのため、特定建設業許可を取得することは企業の成長戦略において重要な１歩になり得るでしょう。

大きめの公共工事を受注できる

また、公共工事を受注する際には、受注の要件として「特定建設業許可を有していること」といった条件を設けているケースもあります。

このようなケースでは、工事の内容としては十分に自社で施工できるにも関わらず、特定建設業許可を持っていないという理由だけで、公共工事を落札できないことになります。

■公共工事の受注を視野に

弊所でも公共工事の入札参加資格の申請をサポートしておりますが、そのお客さまの大半が、特定建設業許可を持っているのも、前記のような理由によるものと思われます。

次の「4．特定建設業許可取得事例」でも詳しく解説しますが、一般建設業許可を取得せずにいきなり特定建設業許可を取得することはもちろんのこと、実績なし・工事経験なしの会社が特定建設業許可を取得できるケースもありますので、みなさんもぜひ、一般建設業許可に満足することなく、特定建設業許可の取得にもチャレンジしてみてください。

4．特定建設業許可取得事例

特定建設業許可が人気のわけを理解できたところで、実際に特定建設業許可を取得した事例について見ていきましょう。

「実績なし、工事未経験の会社が特定建設業許可をとれるのか？」

「工事が迫っている場合、少しでも早く特定建設業許可を取得するにはどうすればよいのか？」

といった疑問にもお答えします。

これらの事例は、弊所のホームページでも公開しているものですが、本書をお読みの読者のみなさんとともに共有できればと思います。

実績なし、工事未経験の会社が特定建設業許可を取得

■特定建設業許可のイメージ？

特定建設業許可は一般建設業許可に比べて、契約金額や工事の規模が大きいことから「過去の実績や経験が取得の際にものをいう」というイメージをお持ちの人も少なくないと思います。

通常は、一般建設業許可を取得したあとに、数年経ってから特定建設業許可に切り替える（般特新規）申請をするのが一般的です。しかし、はじめて取る建設業許可でいきなり特定建設業許可を取得することも可能です。

■過去の実績がなくても取れるケース

実際に弊所のお客さまの中に過去の実績がないにも関わらず「建築工事」「大工工事」「屋根工事」「タイル工事」「鋼構造物工事」「内装工事」の６つの業種で特定建設業許可を取得した例があります。

このケースでは、経営業務管理責任者の要件を満たす人を会社の取締役として招き入れるとともに、その人が1級建築士の資格を持っていたために、特定建設業許可の専任技術者の要件も満たすことになりました。

財産的要件については、前期の確定した決算で、４つの要件を満たしていたので、特に問題になることはありませんでした。

このように、過去の実績や経験に関係なく、経営業務管理責任者の要件を満たす人、専任技術者

の要件を満たす人を招き入れることによって、工事未経験の会社が特定建設業許可を取得することは可能です。

■特定建設業許可取得と売上アップとの関連性

特定建設業許可を取得したからといって、必ず、大規模工事を受注できるかといえば、そうではありません。

現場に配置する技術者や工事を施工する技術がなければ、発注者が他の建設会社を利用することが考えられますし、過去の実績を評価して取引先を選別する発注者もいるでしょう。

そのため「実績なしでも特定建設業許可を取得できる」という点と「実際に大規模工事を受注して売上を上げることができるか否か」という点は、切り分けて考える必要があります。

決算期を10か月も前倒しして特定建設業許可取得後に無事、入札案件を落札

このケースは、すでに一般建設業許可をお持ちの会社が、区の入札案件を定期的に落札できているものの、より大きい規模の案件を落札するために特定建設業許可が必要になったケースです。しかも、その案件がすでに目の前に迫っているので、のんびり構えている暇はありません。

■工期が迫っている！　という場合

入札に限らず、大規模工事を受注するには特定建設業許可が必要で、工事までの期日が迫っているという状況は、決して少なくありません。

もともとは3月末決算の会社でしたが、今年の3月末時点で特定建設業許可の取得に必要な4つの財産的要件を満たしていませんでした。そのため、通常であれば、次回の決算である翌年3月末まで特定建設業許可の取得をあきらめなければなりません。

しかし、入札案件は今年の9月なので、この案件を受注するには、遅くとも9月の時点で特定建設業許可を取得していなければなりません。

■決算期を前倒し

そこで、3月末に決算を締めた後、増資を行い特定建設業許可取得に必要な4つの要件を具備しつつ、決算期変更の手続を経て5月末に決算期を変更しました。

3月末には財産的要件を満たしていなかったものの、翌年の3月を待たずに、新たに設定した5月末決算の時点で、財産的要件を満たしたことになります。

技術者の要件については問題なかったので、前記のように「増資→決算期変更」を行うことによって、8月末には一般建設業許可から特定建設業許可に切り替えることができ、区の公共工事の案件を無事落札できたという例です。

■技術者の補充、財産的要件の充足がポイント

最初のケースは、技術者を充足することによって特定建設業許可を取得できた例ですが、次のケースは、決算期変更を行い財産的要件を充足することによって特定建設業許可を取得できた例です。

いずれも、今後、特定建設業許可取得を検討している人に、参考にしていただければ幸いです。

コラム⑤：公共工事の入札に参加するには

公共工事の入札の準備には、次のような手続や注意点があります。

(1) 手続

①決算変更届の提出

決算変更届の提出は建設業許可業者に課せられる義務です。毎事業年度終了後4か月以内に、許可行政庁に提出しなければなりません。

②経営状況分析

入札参加資格を取得するには、経営事項審査を受審しなければなりませんが、経営事項審査を受ける前に必要なのが経営状況分析です。

経営状況分析とは、会社の財務状況を「負債抵抗力」「収益性・効率性」「財務健全性」「絶対的力量」の4項目から分析し、Y点という点数を算出する手続を言います。

経営状況分析は国土交通大臣の登録を受けた登録経営状況分析機関に申請します。現在では10個の機関が分析機関として登録を受けています。

③経営事項審査

「①決算変更届の提出」「②経営状況分析」を経て、経営事項審査を受審します。

経営事項審査は「完成工事高などの経営規模（X）」「技術職員数などの技術力（Z）」「社会保険の加入状況などの社会性（W）」「経営状況分析の結果（Y）」の4項目から総合評定値（P点）を算出する手続です。

④入札参加資格申請

経営事項審査が終了したら、入札参加資格申請を行います。

入札参加資格を申請し、入札参加資格を取得することで、はじめて公共工事の入札に参加することができます。

(2)　注意点

①有効期間

経営事項審査の結果であるP点の有効期限は、決算日の翌日から起算して1年7か月です。また、入札参加資格にも自治体ごとに有効期限があります。さらに、電子入札に必要な電子証明書にも有効期限があります。

いずれの有効期限を切らしても、入札案件に参加することができなくなります。「入札に参加しようと思ったら、有効期限が切れていた」と言うことがないように、期限のスケジュールを管理しましょう。

②工事案件の検索

工事の案件を落札するには、各自治体のホームページを検索したり、入札案件を確認するソフトを導入したり、業界紙を購読したりとアンテナをはる必要があります。

役所から「お声がかかるのを待つ」という受け身の姿勢では、なかなか厳しいでしょう。工事案件の情報を少しでも早く、少しでも多くキャッチするための積極的な姿勢が、重要です。

このように公共工事を落札するまでの道のりは、決して平たんなものではありません。公共工事を落札したはよいものの、役所の担当者との付き合い（やりとり）に辟易としてしまい、役所関連の工事から撤退するという事業者もあるくらいです。

こういった際に、手続をうまくサポートしてくれるのが、行政書士であるということは間違いありません。

行政書士の中には、申請手続の代行にとどまらず、「経営事項審査の結果であるP点を上げるためのコンサルティング」や、「より公共工事を受注しやすい社内の体制づくり」を支援しているような、強者もいます。

弊所も、経審や公共工事の受注をサポートしていますが、事業者の利益のためにも更なる研鑽の必要性を痛感している今日この頃です。

第6章　許可を取れるか、一緒に考えよう！
経管・専技の要件問答

さて、本書もいよいよ終盤です。
第6章では3つの会社のパターンを例に、実際に建設業許可が取れるのか？ それともあきらめざるを得ないのか？ 読者のみなさんと一緒に考えていきたいと思います。

1．個人事業主時代の経験がものをいった鈴木社長のケース

会社の概要

株式会社鈴木建設　鈴木社長
内装工事
個人事業主として8年　会社設立3年
資格なし
指定学科の卒業経歴なし

太　郎　君：会社設立後3年しかたっていないから、取締役としての経験が5年に満たない。これでは経管の要件を満たさないのでは？

さくらちゃん：いやいや個人事業主としての経験が8年あるんだから、個人事業主の期間と取締役

の期間を足し算すれば経管になれるはずだよ。

明　子　さん：経管にはなれると思うんだけど、資格なしで、指定学科の卒業経歴もなければ、経管の要件を満たしたとしても、専技になる要件を満たさないんじゃないの？

解説

さて、前記の鈴木社長のケースで、内装工事の建設業許可を取得することは可能でしょうか？

■経営業務管理責任者の要件は

まず、経営業務管理責任者の要件を見ていきましょう。

太郎君は「会社設立後3年しかたっていないから、取締役としての経験が5年に満たない」として経管の要件を満たさないと判断しています。

しかし、経管の要件は取締役としての期間だけでなく、個人事業主時代の期間も合算して判断するべきです。そういった意味で、個人事業主としての経験も加味しているさくらちゃんの意見が正しいですね。鈴木社長のケースでは、個人事業主時代の2年間と法人設立後、取締役になってからの3年間、合計5年間、内装工事を行っていたことを証明できれば、経営業務管理責任者の要件を満たすと言えそうです。

■専任技術者の要件は

次に、専任技術者の要件を見ていきましょう。

明子さんは、鈴木社長に資格がないこと、指定学科の卒業経歴もないことの2点を踏まえて、専任技術者の要件を満たさないと判断しています。しかし、これは間違いです。

資格や指定学科の卒業経歴がなければ、10年の実務経験を証明できないか？ を検討すべきですね。鈴木社長は、個人として8年、法人化して3年の間、継続してリフォーム業、内装業を行っているのではないでしょうか。

この情報だけだど、年間の件数や売上こそわかりませんが、税務申告などをきちんとして、内装工事、リフォーム工事で生計を立てているのであれば、実績的にも問題はなさそうです。

以上より、鈴木社長は内装工事の建設業許可を取得できると考えてよいでしょう。

2. 高校をちゃんと卒業しておいてよかった、佐藤社長のケース

会社の概要

株式会社佐藤塗装　佐藤社長
塗装工事
会社設立9年
資格なし

高校の住居デザイン科の卒業経歴あり

太　郎　君：会社設立後、９年経っているから経営業務管理責任者の要件は満たしそうですね。
さくらちゃん：確かに、経管の要件は問題なさそう。でも、専技の要件はどうかしら。資格がないから10年の実務経験の証明が必要なはず。会社設立９年なので10年の実務経験を証明できそうにないのでは？
明　子　さん：でも、住居デザイン科の卒業経歴があるよ、住居デザイン科なんて聞いたことないけど、もしかしたら指定学科に該当しないかしら。一覧表を見ても住居デザイン科という表記はないけど、念のためより詳しく調べてみたほうがよいのではないでしょうか。

解説

鈴木社長に続いて、佐藤社長のケースでは、塗装工事の建設業許可を取得することはできるのでしょうか？

■経営業務管理責任者の要件は

まず、経管については、太郎君の言う通り「会社設立後、９年経っている」ことを理由に、要件を満たしそうですね。

佐藤社長が嘘をついていることはないと思いますが、法務局に行って、会社の登記簿謄本を取得すれば、裏付けを取ることができます。

■専任技術者の要件は

続いて、専任技術者の要件はどうでしょうか？

塗装工事については、1級建築施工管理技士や1級土木施工管理技士の資格があれば、実務経験の証明は必要ありません。しかし、佐藤社長にも（株）佐藤塗装の社員の中にも、資格を持っている人はいません。とすると、10年の実務経験を証明するしかないのでしょうか？

10年の実務経験を証明するしかないとすれば、佐藤社長の前職にもよりますが、会社設立後9年しか経っていないことを考えると、あと1年待たないと専任技術者の要件を満たさないということになって、現時点での建設業許可取得は厳しいように思えます。

しかし、あきらめるのはまだ早い。

■住居デザイン科の卒業経歴

明子さんが指摘している通り、佐藤社長は高校の住居デザイン科を卒業しています。とすると、住居デザイン科が塗装工事の指定学科に該当すれば、10年の実務経験は5年に短縮されるので、住居デザイン科の卒業経歴＋5年の実務経験の証明によって、専任技術者の要件をクリアできそうです。

住居デザイン科と聞くと、工事よりも建築設計やデザイン関連の学科にも思えますが、実は、塗装工事の指定学科に該当します。この点については、指定学科一覧（巻末資料2）をよく確認するとともに、該当するか否かわからない場合は許可行政庁に照会をかけてみるとよいでしょう。

佐藤社長は、卒業した高校から住居デザイン科の卒業証明書を取り寄せるとともに、５年の塗装工事の実務経験を証明することにより、専任技術者の要件を満たすことになります。

以上より、(株)佐藤塗装は塗装工事の建設業許可を取得することができそうですね。

3. ちょっと厳しい。独立を早まった田中社長のケース

会社の概要

株式会社田中工業
とび・土工・コンクリート工事
会社設立1年
資格なし
普通科卒

太　郎　君：うーん。田中社長は、会社を設立して1年だし、その前の経歴が会社の営業職なので、経管の要件を満たしそうにないですね。

さくらちゃん：たしかに。資格も実務経験もないようじゃ、建設業許可の取得をあきらめてもらったほうがよいかもしれない。

明　子　さん：ちょ、ちょっと待って！　それじゃ田中社長が可哀そうすぎる！　田中社長の意欲と情熱で役所を説き伏せれば、なんとかなるんじゃないかしら。

解説

鈴木社長、佐藤社長は、建設業許可取得の可能性が大いにありとのことでしたが、田中社長はどうでしょう？　鈴木社長、佐藤社長に続いて田中社長も「建設業許可取得！」となったら嬉しいですが、現実はそんなに甘くはないようです。

■経営業務管理責任者の要件は

まず、経管の要件については、太郎君の言う通り、会社を設立して1年でかつ、前職が営業職だと、経管の要件に該当する可能性というのは極めて低いように思います。

もし仮に、前職も「とび・土工の個人事業主でした」とか、前職は「建設会社の取締役をしていました」というのであれば、「取締役としての経験5年」、「個人事業主としての経験5年」、もしくは「取締役としての経験＋個人事業主としての経験の合計が5年」、という経管の要件を満たすことも可能かもしれません。

しかし、役職のつかない会社の社員（営業職）である以上、経管の要件を満たすことはないと思います。

■専任技術者の要件は

また、専任技術者についても、さくらちゃんの言う通り、資格なしで、高校の普通科の卒業だと指定学科にも該当しないため、10年の実務経験を証明しない限り、専任技術者になることもできません。

田中社長の場合は、経管の要件を満たす人を取締役に招き入れ、かつ、とび・土工・コンクリート工事の専任技術者の要件を満たす人を社員として採用するなど、外部からの登用を検討するしか、建設業許可取得の道がありません。

■意欲と情熱でなんとか許可を取得することは

明子さんは「意欲と情熱で役所を説き伏せれば、なんとかなるんじゃないかしら」と、かすかな希望を見出そうとしています。残念ですが、意欲や情熱で、許可要件を満たすことはありません。

■田中社長のケースを踏まえて

田中社長のようなケースは、よく見受けられます。「前職の社長と喧嘩をして独立した」「勤務先の雰囲気になじめず、後先考えずに自分で建設会社を設立した」といったことも耳にします。

しかし、どんな事情があっても、どんなに許可が欲しくても、意欲や情熱だけで建設業許可を取得することはできません。

これから、独立や起業を考えている人は、「建設会社を設立したけど、建設業許可が取れない」

といった事態にならないように、事前に入念な準備をしていただきたいと思います。

4．どうしても経管・専技の要件を満たさない場合の対応法

前ページの（株）田中工業の田中社長のように、社内の人間だけでは、どうしても経管・専技の要件を満たさないケースがあります。むしろ、建設業許可の要件を十分に満たしているというケースはまれで、ほとんどの人が「取締役としての経験が数年足りない」「技術者としての実務経験の期間が短い」といったような欠陥を抱えています。

そんなときは、どうしたらよいのでしょうか？

ついつい、「魔法のような裏技」や、「誰も知らない手法」を期待してしまいがちですが、残念ながら、そのようは裏技も手法もないのが現実です。

許可要件を満たすまで待つ

1つの方法として考えられるのは、許可要件を満たすまで待つという方法です。私のお客さまの中でも、建設会社を設立してから5年間、経管の要件を具備するまで、建設業許可取得を待った例が複数あります。

■具体的な事例

それは次のようなケースです。

平成29年　7月に会社設立。
令和4年　7月に建設業許可の要件を充足。
　同年　9月に建設業許可を申請。
　同年　10月に無事、東京都知事許可を取得。

経管の要件は、会社設立当初からの代表取締役としての5年の経験で充足することができましたが、この社長のすごいところは、自分で勉強して2級管工事施工管理技士の資格を取得し、専技の要件も充足してしまったところです。

■2級管工事施工管理技士の資格を取得したことによって

この社長は、前出の田中社長と同じように、高校の普通科の卒業です。そうすると、10年の実務経験を証明しなければ専任技術者になることができません。しかし「会社設立から5年が経って、やっと経管の要件を満たすようになったのに、これから、あと5年も待つことはできない」と自ら資格取得にチャレンジしたようです。

その結果、2級管工事施工管理技士の資格をとることができ、専任技術者の要件については、実務経験の証明をすることなく、無事、建設業許可を取得することができました。

このように、現時点で、許可要件を満たさない場合には、許可要件を充足する日が来るのを待つ、もしくは自分で資格を取得することも対応として考えられます。

身内、友人、知り合い、人材会社からの紹介

もっとも、すべての人が、何年も許可取得まで待てるわけではないのも事実です。また、資格の取得といっても、そう簡単にできるものではありません。

■中には縁故者を頼りに許可を取得する人も

既存の役員、既存の社員では、どうしても経管・専技の要件を満たさず、建設業許可を取得することができない場合、身内（親・兄弟・親戚）、友人、知り合いを頼って「経管の要件を満たす人を取締役に」「専技の要件を満たす人を社員に」採用することはよくあります。

■人材会社の利用は？

規模の大きい会社の中には、人材会社のサービスを利用して経管や専技の要件を満たす人を紹介してもらい、面接の上、社内に招き入れるという方法をとっている会社もあります。

人材会社は「大手の建設会社の役員を退任した人」や「過去に建設会社を経営していたものの第一線を退いた人」など建設業許可取得のための要件を満たしている人を、許可を取りたがっている会社に紹介・取次しています。

きちんとした経歴のある人を採用したい、建設業許可を取得するための体制を会社を上げて整えたいという意思のある人にとっては、大いに利用する価値があるサービスであると思います。

しかし、役員待遇として招き入れるからにはそれなりの報酬が必要ですし、また、人材会社にも紹介料として、かなりの謝礼が発生するという話も聞いたことがあります。

■条件面・待遇面でマッチングが難しい場合も

名義貸しなどの違法な行為を除いて、人材会社からの紹介を受けて、許可要件を充足し建設業許可を取得するという方法が、悪いわけではありません。

しかし、家族経営の小規模会社や、設立したての経歴の浅い会社だと、費用面・待遇面の両方で、候補者との条件のマッチングが難しいのではないかと思います。

コラム⑥：小規模事業者登録のすすめ

公共工事の入札参加資格を取得するには、「経営事項審査」という審査を経なければならない点については、コラム⑤で記載いたしました。

この「経営事項審査を経て、入札参加資格を取得した業者が公共工事の入札に参加するという方法」以外に、区や市の入札参加資格を持っていない小規模事業者が、少額で簡易な工事案件について受注が可能となる制度があります。

それが、小規模事業者登録制度です。

小規模事業者の登録については、各自治体（区や市）によって取扱が異なる上に、そもそも、制度自体を設けていない自治体もあるので、詳細は各自治体のホームページで確認する必要があります。

私が知る範囲では、

・該当の区内や市内に本店があること
・競争入札参加資格者名簿に登録がないこと
・発注予定価格が130万円以下であること

という条件を設けて区や市が発注する小規模な修繕工事など、少額で簡易な契約の受注機会の拡大を図り、地域経済の活発化を目的としているようです。

なかには「常時使用する従業者がおおむね20人以下であること」などといった条件を設けている自治体もあり、小規模事業者が利用することを前提とした制度です。

公共工事の入札に参加するには、経営事項審査を申請して、入札参加資格を取得するというのが、一般的な流れであることに間違いはありませんが、

・業歴が浅い
・金額の大きい公共工事の落札は無理
・規模が小さい会社のため、少額案件しか受注できない

といったような会社が、役所との付き合いを広げるには、もってこいの制度と言えるでしょう。

登録申請の申込書自体もそれほど、難しいものではないので、ぜひ、小規模事業者登録の制度を利用してみてはいかがでしょうか？

第7章

許可を取得した後の対応！
変更届の提出義務と自社情報の開示

みなさんが建設業許可を取得できたとして、許可取得後のことを何も理解できていないのは、非常にまずいです。許可を取得しなければ何も始まらないわけですから、まずは「許可を取得できれば、それでいい」という考えも悪くはありません。しかし、許可を取得できた後は、1度取得した許可を少しでも長く維持できるように、頭を切り替えてもらいたいものです。

そこで、ここでは、許可取得後の変更届の提出義務について、見ていきましょう

1．許可取得後の変更届について

建設業許可を取得した後の、変更届の提出については、なんとなくご存知の方もいらっしゃるかと思います。会社の重要事項（本店所在地や取締役）に変更があった際には、許可行政庁に変更届を提出することが求められます。

以下では、経管・専技といった「許可要件に関する変更」と「許可要件以外の変更」という区分けをして説明していきたいと思います。

経営業務管理責任者や専任技術者の変更

経管や専技といった建設業許可の要件の変更については、慎重にならなければなりません。経管・専技の要件は、建設業許可を取得するための要件のみならず、建設業許可を維持するための要件で

もあるからです。

■常勤性には常に注意が必要

経管も専技も、建設業許可を持っている会社に常勤していることが求められます。

そのため、経管が役員を退任、専技が会社を退職するという事態は、すなわち、即、許可要件の欠如にもつながりかねない緊急事態です。

■取締役、全員交代⁉

親会社の意向で、取締役を全交代した事業者様がいらっしゃいました。取締役全交代ということは、経管も交代です。新しく就任する取締役の中に経管の要件を満たす人がいれば、建設業許可を維持することができますが、経管の要件を満たす人がいなければ、許可を取り下げる（廃業届を提出する）以外に方法がありません。

■廃業→新規で許可取得しなおし

結局、その会社は、いったん廃業届を提出し、経管の要件を満たす人を新たに探して取締役に就任してもらったうえで、再度、建設業許可を取得しなおすという手続を取ることになりました。

取締役全交代ではなく、経管に該当する人を残しておけば、このような面倒なことにはならなかったでしょう。

■専任技術者、突然の退職

また、専任技術者に突然退職されてしまった社長もいます。「何の前触れもなく、いきなり退職届を持って来られた」と、かなり動揺している様子でした。

この会社の場合、すぐに内装工事の専任技術者の要件を満たす人を見つけ出すことができたので、許可取り下げ(廃業届の提出)までには至りませんでした。しかし、少しでも時期がずれていたら、タイミングが違っていたら、どうなっていたかわかりません。

いずれにせよ、経管や専技の退職・変更には十分に注意をしてください。経管・専技は「継続」して会社に常勤していなければなりません。

■前任者が3月31日に退職したケース

たとえば、前任者のAさんが3月31日に退職し、後任者のBさんが4月1日に入社したようなケースでは、許可要件に問題はありません(図表26の図1)。

しかし、前任者のAさんが3月31日に退職し、後任者のBさんが4月2日に入社したようなケースでは、4月1日に許可要件を満たしていない空白期間が発生しています(図表26の図2)。

〔図表26　専任技術者の入退社の注意点〕

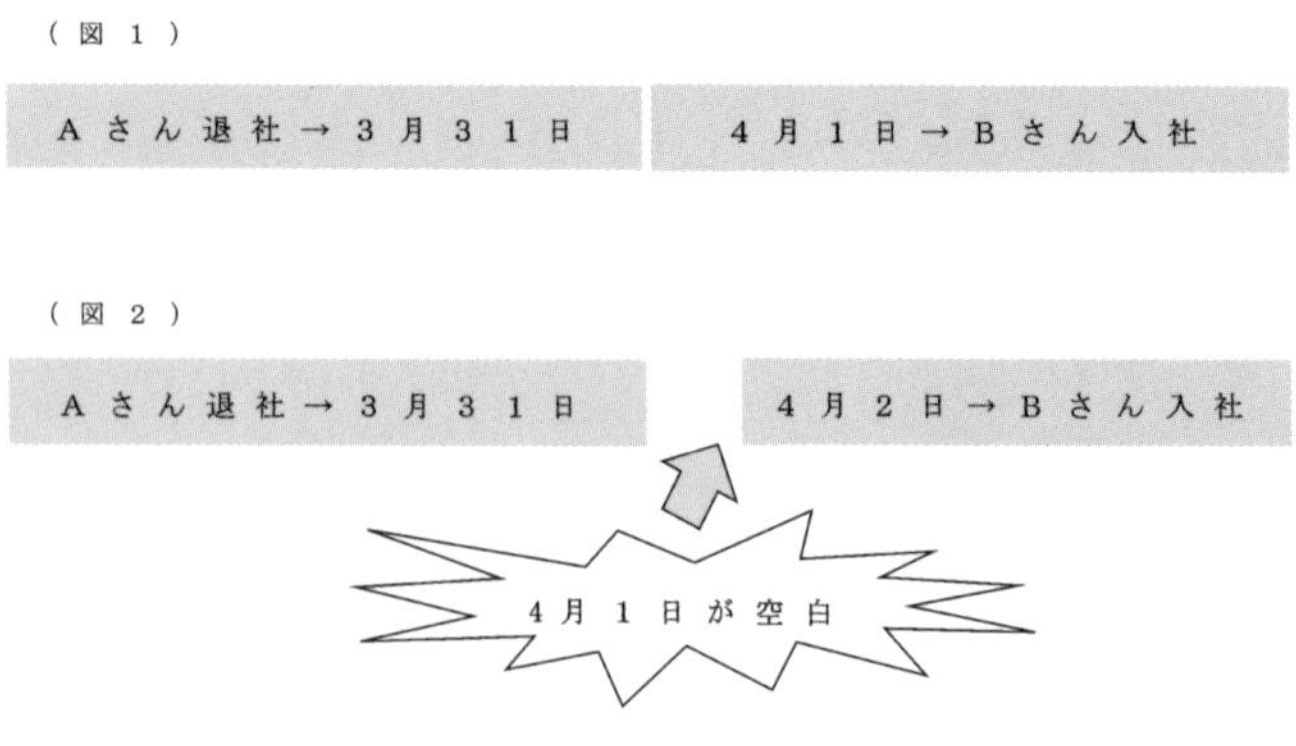

そのため、厳格には、いったん許可を取り下げたうえで、再度、許可を取得しなおす手続が必要になります。

なお、経管・専技の変更は、いずれも、変更後２週間以内に変更届を提出するように決められています。

許可要件以外のもの

経管や専技の変更以外にも、会社の重要事項に変更が生じた場合は、許可行政庁に変更届の提出をしなければなりません。

■建設業許可を取得したということは

再度の記載になりますが、建設業許可を取得したということは、５００万円以上の工事を請負うことができる権利を取得したのと同時に、変更届を提出する義務を負うのです。

最も頻繁に提出が必要なのは、決算変更届（事業年度終了の報告）です。決算変更届については、事業年度終了後４か月以内に毎年提出が必要です。

続いて、よくあるのが取締役の変更です。取締役に変更があった際には、30日以内に変更届の提出が必要です（図表27）。

〔図表 27　届出事項と届出の期限〕

【主な届出事項】	【変更届提出の期限】
決算報告	事業年度終了後４か月以内
営業所の所在地・電話番号	変更後３０日以内
代表取締役・取締役	
資本金	
経営業務管理責任者	変更後２週間以内
専任技術者	

そのほか、滅多にないかもしれませんが「営業所の所在地・電話番号の変更」「代表取締役の変更」「資本金額の変更」などがあった場合にも、変更後30日以内に変更届の提出が必要になります。

2. ネット上に公表される？　御社の情報！

建設業許可を取得したあと、なぜか「看板業者から営業電話がかかってくる」という経験をしたことがある人は多いと思います。

建設業許可を取得した後は、営業所ごとに「建設業許可票」（いわゆる金看板）を掲示しなければならないからです。「取引先からの仕事の電話かと思って急いで出てみたら、営業の電話だったのでイラついてしまった」という経験をお持ちの人もいるでしょう。

では、看板業者は、どうやって御社の情報を手にいれて、営業電話をかけているのでしょうか？

建設業者企業情報検索システム

国土交通省のホームページの「建設業者企業情報検索システム」は、その名の通り、全国の建設業許可業者の情報を検索できるシステムです。

試しにグーグルで検索してみてください。知り合いの会社でも、取引先でも、元請でも、建設業許可を持っている会社であれば、必ずヒットするはずです。

■商号、所在地だけでなく、電話番号、資本金の額までも

このページには、許可番号、商号、営業所所在地は、もちろんのこと、代表者氏名、電話番号、資本金額まで掲載されています。また、許可を受けた建設業の種類および許可の有効期間も掲載されています。

■営業の対象に

このように建設業許可を取得した後は、自社に関するさまざまな情報が、ネット上に公表されるため、仮に自社ホームページを持っていなかったとしても、営業電話がかかってきたり、ＤＭが届いたりする数が増えることになります。

看板業者はもちろんのこと、建設業許可の更新期限が近づくと行政書士からの更新に関するＤＭ（はがき）が届くと思います。

建設業許可を取得すると自社情報が「建設業者企業情報検索システム」に公開され、営業の対象になることを頭の片隅に入れておいてください。

ネガティブ情報検索サイト

もう1つ、知っておいて欲しい国土交通省のホームページに「ネガティブ情報検索サイト」というものがあります。

「ネガティブ」と聞くと、何だか不穏な気配を感じます。

■行政処分歴などの検索

このサイトは、過去の行政処分歴などを検索することができるサイトです。こちらも試しに検索をしてみてください。

たとえば、次のような事例が出てきます。

・営業所の所在地を確認することができないため許可取消処分となった会社
・代表取締役が欠格事由に該当し（禁固以上の刑に処せられ）許可取消処分になった会社
・経管、専技が不在であるため許可取消処分になった会社
・建設業許可を受けていない業種において、５００万円以上の金額の請負契約を締結したことによって営業停止処分を受けている会社

さまざまな処分事例が、会社の商号・代表者名・営業所の所在地といった情報とともに公表されています。

■気を付けなければならないのは飲酒運転など

せっかく苦労して建設業許可を取得したのに、取締役が飲酒運転で人身事故を起こしてしまったというような場合、欠格事由に該当し、許可取消の処分を受けるはめになってもおかしくありません。

これは、決して他人事ではないですね。

「知らなかった」や「気が付かなかった」という言い訳は、通用しません。建設業許可を取得し

たことは、許可権者の管理監督下に置かれていることです。脅かすわけではありませんが、軽く考えているといつか痛い思いをしないとも限りません。

変更届の提出漏れなどと同様に、建設業法の他、各種法令を順守することも忘れないでください。

建設業情報管理センターの経審結果の公表

建設業許可の取得と直接関係があるというわけではありませんが、経営事項審査の結果もインターネット上で公表されています。

■経営事項審査とは

簡単に言うと、経営事項審査とは「建設会社が公共工事の入札参加資格を取得するために経なければならない手続」です。

完成工事高、技術職員の人数、自己資本および平均利益額などから、会社ごとの点数（総合評定値P点）が算出されるわけですが、その結果通知書も「建設業情報管理センター」のホームページから閲覧することができます。

■売上高、技術者の人数も、ネットで閲覧

売上高や技術者の人数まで閲覧できてしまうので、かなり衝撃を受ける人もいるかもしれません。あくまでも公共工事の入札参加の公平性を担保するために公表しているものと思われますが、同業や取引先に、公共工事の入札を行っている会社があれば、検索してみるとよいかもしれません。

3. 申請書類の閲覧

建設業許可を取得すると会社の情報が、ネットで公表されることがわかっていただけたでしょうか？　パソコンやスマホで簡単に検索できてしまうため、驚いた人もいるかもしれません。

実は、公表されるのは、何もインターネット上だけではありません。各行政庁に行って、手数料を支払いさえすれば、申請書類の一部（個人情報に係る部分を除く）を閲覧することも可能です。

申請書類の一部の閲覧

建設業許可を取得するための申請書類の中には「経管の略歴書」や「許可申請者の住所、生年月日等に関する調書」といった個人情報に関する情報もあるため、すべてが閲覧対象というわけではありません。

■閲覧対象書類

しかし「役員等の一覧表」「定款」「財務諸表」などについては、閲覧の対象になっています。役員一覧、定款、財務諸表は、会社の内部文書といったイメージが強いので、誰でも自由に閲覧できてしまうことに抵抗がある人もいるでしょう。

他方、申請書類の副本を紛失した場合や、過去にどんな申請の仕方をしていたかを確認したい場合、都庁・県庁に行って、申請書類を閲覧できれば、必要な情報を得られることもあるので、非常に便利です。

■副本は必ず保管を

弊所では、お客さまから依頼されて申請した副本については、紙もしくはPDFデータとして保存していますので、紛失の心配はありません。

しかし、はじめて弊所にご依頼いただくお客さまの中には「以前、都庁に提出した申請書の副本を紛失してしまった」とか「どこにあるか見当たらない」という人もいらっしゃいます。

そのような場合には、都庁や県庁に足を運んで、実際に申請書類のファイルを閲覧し、申請状況を確認することがあります。

このような作業をすることによって、業種追加申請や般特新規申請が、スムーズに行くといったケースがあるのも事実です。

自由に閲覧できてしまうということは

前述のように、申請書類の一部を誰でも自由に閲覧できてしまうということは、逆に言うと、虚偽の申請や変更届の提出漏れが、バレてしまうということでもあります。

さすがに、虚偽の申請というのは今までに経験がないので、除外しますが、変更届の提出漏れはどうでしょう？

■決算変更届も閲覧対象書類です

すでに本書に何回か登場している決算変更届も閲覧の対象です。

決算変更届の中には会社の財務諸表（貸借対照表、損益計算書、株主資本等変動計算書、個別注記表）が含まれているため、民間信用調査会社が情報収集目的で、閲覧をしているのは周知の事実です。

■民間調査会社だけじゃない！　取引先が調査目的で閲覧することも

そんな中、毎年度提出されていなければならない決算変更届が、2年分も3年分も提出されていないという状況は如何なものでしょうか？　民間の信用調査会社だけでなく、これから取引を開始しようという取引先が、会社の情報を閲覧しに来ている可能性も0ではありません。

逆の立場で考えると、これから発注しようとしている取引先建設業者が、法律で定められている変更届を何年にもわたって、懈怠しているとしたら。とてもじゃないけど、安心して取引を開始する気にはならないのではないでしょうか？

こういった点からも、変更届の提出は、漏れなく、不備なく行うべきなのです。

■建設業許可業者としての自覚を！

このように、建設業許可を取得した後は、自社の情報が、インターネットや都庁・県庁で公衆に晒されるという事実を事前に認識しておくと、建設業許可取得の重み、責任を理解いただけるのではないかと思います。

コラム⑦：建設業許可業者の推移

建設業界だけに留まらないことではありますが、技術者の高齢化や若手離れが言われて久しい昨今。

「建設業許可を取得したいけど、資格者がいない」とか「大規模工事を受注したいけど、人手不足で配置できる技術者がいない」といった声は、弊所のお客さまからも、よく聞かれます。

そんななかで、国土交通省は毎年、建設業許可業者数の推移を公表しています。

令和４年５月９日に公表された資料によると、

「令和４年３月末時点の建設業許可業者数は４７５，２９３業者で、前年同月比１，３４１業者（０・３%）増加。建設業許可業者数が最も多かった平成12年３月末時点と比較すると１２５，６８７業者（20・９%）の減少」とのことです。

全盛期と比べると20%以上も許可業者が減っていることにはなりますが、直近では４年連続で増加傾向にあるようなので、減少傾向には、歯止めがかかっていると言えそうです。

都道府県別でみると、東京都（全体の９・２%）、大阪府（全体の８・４%）、神奈川県（全体の６・０%）となっており、やはり首都圏を中心に、許可業者数が多いです。

また、許可業種別にみると、とび・土工工事業が全体の37・2％ともっとも多く、続いて建築工事業が30・9％、土木工事業が27・6％となっています。他方、許可業者が少ない業種を見ていくと、消防施設工事業3・3％、さく井工事業0・5％、清掃施設工事業0・1％となっています。

さらにコラム①でも触れた、建設業許可の事業承継については、以下のような数字が公表されています。

「建設業許可の承継制度が新設された令和2年10月1日の施行日から令和3年3月末までの半年間の認可件数は２０３件（譲渡及び譲受け１４７件、合併22件、分割10件、相続24件）だったが、令和３年４月から令和４年３月末までの年間の認可件数は１，１２７件（譲渡及び譲受け９４７件、合併58件、分割41件、相続81件）と増加」しています。

国土交通省の調査では、上記以外にも、一般建設業許可業者数と特定建設業許可業者数の比較や、資本金別の許可業者数、兼業業者数に加え、事業承継の認可の件数なども公表しています。

たとえば、資本金別で許可業者の数を比較すると、資本金の額が「３００万円以上５００万円未満の法人の数が、１０４，０９６件」（全体の21・9％）と1番多く、2番目が「1，０００万円以上2，０００万円未満の９９，５１０件」（全体の20・9％）、3番目が「５００万円以上1，０００万円未満の８９，５２５件」（全体の18・8％）となっています。

自社の地域、業種、資本金額などを照らし合わせて参考にしてみると、意外な発見があるかもしれません。

第8章　建設業許可を取得した社長のインタビュー

本書を執筆するにあたって、実際に建設業許可を取得することができた建設会社の社長にインタビューを実施しました。

建設業許可を取得する際に困った点や、注意点など、実際に経験した当事者ならではの生の声をお届けできるかと思います。

これから建設業許可を取得したいとお考えの人は、ぜひ、インタビュー記事を参考に許可取得の心構えを学んでいただければと思います。

1. 株式会社テックアール　大貫良社長

東京都板橋区
株式会社テックアール　大貫良社長
解体工事業

―まずは、現在の御社の状況を簡単に教えていただけますでしょうか?


はい。うちの会社は、解体工事がメインの会社です。戸建て、アパート、マンションの解体を請負っています。

戸建ての解体は500万円以下のものもありますが、アパートやマンションの解体だと

1000万円以上の金額になります。
また、いまも2000万円以上の解体工事の見積もりを複数出していますので、実際に受注できるかどうかは別として、とても、忙しくさせてもらっています。

―2000万円以上の工事となると、建設業許可は必須ですね。

はい。さすがにこれくらいの金額になってくると、建設業許可がないときついですね。私の場合、会社設立の半年後に建設業許可を申請し、そのひと月後に、無事、建設業許可を取得することができました。
仕事はたくさんあるので、比較的短い期間の間に、許可が取れてよかったです。

―大貫社長とは、前の会社で役員をされている頃からの付き合いですが、独立したいと思ったきっかけは、何でしょうか？

まずは、自分の考えたこと、自分の思ったことを、自分の判断でやっていきたいと思ったのが一番ですね。勤めているとどうしても、「自分ひとりの判断で決断する」という自由・裁量みたいなものが少なくて。実際に、自分の信頼できる人、考えが似ている人と一緒に仕事をやっていきたいと思った部分が大きいです。
あと、解体工事業者は、ガラが悪く見られがちで。乱暴であるとか、がさつであるとか、職人気質であるとか、そういった解体業者に対する世間のイメージを少しでも変えていきたいという思いもあります。

――それでは、実際に建設業許可を取得する際に、困ったことはありますか？

前の会社では区の入札を落札したりして、公共工事の現場代理人もしていました。それこそ、工程管理、お金の計算、近隣住民などの対応、発注者（区の職員）との週1回の打ち合わせなどを、行なっていました。

ただ、いざ、自分が独立して、新たに会社を設立して、建設業許可を取得するとなると、何が必要かすら、まったくわからなかったというのが、正直な感想です。

取締役としての5年の経験はもちろんのこと、どの資格を持っていればどの建設業許可を取得できるのか？　という点についても、まったく理解できていませんでした。

そのため、会社を設立する際の資本金の準備にも苦労しましたし、営業所として借りることができる物件を見つけるのにも大変な思いをしました。当初思っていたよりも、手ごろな値段でオフィスとして貸してくれるところが意外に少なく、いまの営業所を借りるまでに1か月もかかってしまいました。

――すこしでも早く、建設業許可を取得して工事を受注したいと思っている中で、オフィスの場所が決まるまで1か月もかかったというのは、痛いですね。実際に、私のお客さまの中でも、オフィスが見つからないという人は多いです。

逆に許可を取得してよかった点はありますか？

500万円以上の解体工事を請負うことができるというのは、もちろんあります。解体工事の場合、登録制度があり、５００万円未満の工事であれば、許可がなくても登録をしていれば請負うことができます。けど、やっぱり、登録だけでなく、許可を持っている会社のほうが、「しっかりしている」というイメージがあり、仕事がやりやすいです。

また、建設機械施工技士の資格を持っていたおかげで、舗装工事の建設業許可を取得することもできました。稀にですが「建物を解体した後、更地にして駐車場にして欲しい」といったご要望を受けることがあります。

現時点で、重機などの問題もあり、舗装工事を手掛けるまでには至っていませんが、ゆくゆくは、このようなお客さまからのご要望にもお応えできる会社にしていきたいと思っています。


——それでは、最後に、これから建設業許可を取得しようとお考えの人にメッセージ、もしくは、アドバイスはありますでしょうか？


私の場合、前職を独立後、すぐに会社を設立し、建設業許可を取得しましたが、全部の手続を自分ですることなく専門家の先生方にお願いできたという点が大きかったと思います。

会社設立は司法書士、税務署への届出は税理士、健康保険・厚生年金・雇用保険などの保険関係は社会保険労務士と分かれていて、しかも、建設業許可を取得するには、各専門家からの書類の提出が必要だったとのことでしたので、そのあたりは、自分で各専門家を探すよりも、一度にまとめてお願いできた点が、よかったです。

あと、会社を設立した際、銀行口座をつくるのにも時間がかかりましたので、これから会社を設立しようという人は、営業所の場所、資本金の準備、建設業許可の取得だけでなく、自分の会社の口座の開設にも時間がかかるということに気を付けて欲しいと思います。

2．木下総合企画株式会社　木下盛隆社長

東京都台東区
木下総合企画株式会社　木下盛隆社長
とび・土工工事業

—建設業許可の取得おめでとうございます。

ありがとうございます。5年の歳月を経て、やっと許可を取得することができました。

—そういえば、つい先日、建通新聞に木下社長の紹介記事が掲載されていましたね。

はい。個人事業主のころから、アスベスト除去工事を専門にしていて。あまり認識されていないかもしれませんが、アスベストが外部に飛散しないように、部屋を完全隔離し、負圧機で気圧を変化させて行う工事ですので、環境汚染や健康被害などの危険を伴います。

法人成り、建設業許可取得を経て、ちょうどよいタイミングで、建通新聞さんから、工事の概要や会社の紹介記事のお話をいただいたので、取材に応じてみてよかったと思っています。

―それでは、建設業許可を取得した経緯について、お話をお聞かせください。

これは私の感覚ですが、建設業界を取り巻く環境は、どんどん厳しくなっていってるイメージです。昔は、「現場に行けばお金になる」といったように日雇いの人や大学生のアルバイトみたいな人が多かったです。

しかし、今では、建設業許可を持っていないと、現場に入れなくなりつつあります。2次下請け、3次下請けでもそういった状況になってきています。法人成りしただけでは、まったく相手にしてもらえないといってもよいですね。

許可を取得してまだ、半年にも満たないですが、工事を請負う幅が広がったというか、建設業許可を持っているということが理由で依頼につながった仕事が何件かあって、許可取得の威力を痛感しているところです。

―木下社長の場合、経営業務管理責任者の要件を証明するのに、大変苦労しましたね。そのあたりのお話をお聞かせいただけますでしょうか？

はい。実は、建設業許可の取得にチャレンジしたのは、今回が初めてではありません。法人成り後に一度、横内先生の事務所に依頼をして申請の準備をしたんです。

ただ、その際は、どうしても書類を用意できず、許可取得を断念せざるを得ませんでした。東京都で無理ならば、自宅のある千葉県でとも色々考えたのですが。

―そうでしたね。そのときはなんとか建設業許可を取得してあげたいと思ったのですが、お力にな

ることができませんでした。しかし、あれから5年たった今回、無事、許可を取得できた秘訣はなんでしょう？

もちろん、法人の代表取締役としての経験を5年間、積んできたことが一番大きいと思います。それに加えて言うと、建設業許可取得に裏技はないと思ったことです。たしかに、私も1回目の申請がうまく行かず残念でした。しかし、そこから学んだのは、結局、取締役の経験を5年間積んで、経管の要件を満たしたうえで、建設業許可を取得することが、自分の場合は、一番の近道だと思うようになりました。

まずは、目の前の1つひとつの課題に集中する、書類の整理や提出、届出関係はもちろんのこと、会社の経営についても今できることに集中することによって、5年という歳月が流れるのはあっという間です。

裏技やショートカットがない以上、王道の方法で建設業許可を取得するという考えに切り替えました。

そういった考え方に切り替えたおかげで、今回の許可取得は比較的スムーズにいったのではないかと考えています。

―たとえば、経験者を役員に迎え入れるとか、要件を満たしている人を会社に招いて許可を取得するということは考えなかったですか？

はい。それはなかったですね。うちみたいな設立したての規模の小さい会社に入ってくれる人がいなかったですし、そういうめぐり合わせがなかったので、わざわざ、経験者を取締役に迎え入れて許可を取得するという考えはなかったですね。

―5年の歳月を経て自ら経営業務管理責任者の地位を獲得するとともに、登録土工基幹技能者の講習も修了していますね。

経営業務管理責任者だけでなく、建設業許可のもう1つの要件である専任技術者に自分がなるには、その道が一番スムーズでした。2日間の講義とテストを受けて、無事、修了証をもらうことができました。

―これからどういった会社にしていきたいか？　という今後の展望があれば教えてください。

そうですね。今の建設業は若くても40代や50代の人がほとんどです。なので、もっと若い人を採用し、若い人が安心して活躍できる場所にしていきたいです。

先日、従業員が結婚をしたのですが、「これからもよろしくお願いします」と言われ、とてもうれしく感じました。

せっかく苦労して会社を立ち上げて、5年もかけて建設業許可を取得できたわけですから、一緒に働いてくれる仲間や若い人に、「しっかり腰を据えて、頑張ろう」と思ってもらえるような会社にしていきたいと思っています。

世界を見ると、見通せない不安定な情勢ではありますが、安全や健康に配慮しつつ、それでいて周りの人たちから頼りにされるような建設会社であり続けたいと心から願っています。

おわりに「これでもう、あなたも許可業者の仲間入り」

最後まで、お読みいただきありがとうございます。本書の内容は、如何でしたでしょうか？　建設業許可を取得するために必要な最低限の知識は、身に付けていただいたでしょうか？

建設業許可の取得は、初めての人が何の事前知識もなく、簡単にスムーズに申請できるような手続ではありません。偉そうに言っている私にもまだまだ、わからないこと、疑問に思うことが多々あり、そのたびごとに、調べたり、先輩に教えを請うたり、はたまた、途方にくれたりする毎日の連続です。

どうか、本書を手に取ってくださったみなさまが、少しでも早く、そして少しでもスムーズに建設業許可を取得できる日が来ることを願ってやみません。

最後に、お忙しい中インタビューに応じていただいた株式会社テックアールの大貫社長、木下総合企画株式会社の木下社長。貴重な体験談をお聞かせいただき、ありがとうございました。本書を読んでいる「これから建設業許可を取得したい」という人のモデルケースになったのではないかと思います。

また、数か月にわたって、出版をサポートしてくださった有限会社インプルーブの小山さん、さらに小山さんをご紹介してくださった「中小建設業者のための公共工事受注の最強ガイド」（株式会社アニモ出版）の著者である行政書士・小林裕門先生には感謝しかありません。

思い起こすこと2014年1月。私が行政書士登録をする4か月前。初めて行政書士の実務講座を受けたのが、小林先生のセミナーでした。当時は、名刺すら持っておらず、セミナー終了後に、名刺の代わりにと「名前と電話番号を書いた紙きれ」をお渡ししたことを、今でも鮮明に覚えています。

行政書士登録から、10年近くの歳月が流れ、なんとか順調に進んできましたが、今後も、初心を忘れることなく、お客さまの利益に貢献できるよう邁進していく所存です。

そして、何よりも、共著者の橋本に感謝です。事務所の許可申請実務をほぼ任せているうえに、執筆のための打ち合わせ、案出し、アイデアの共有、読み合わせに相当の時間と労力を費やしたことと思います。本書は、橋本の優秀な頭脳と日々の業務の経験なくしては完成しなかったと言っても過言ではありません。

すばらしい仲間とともに、仕事ができていることを日々、幸せに思っています。

行政書士法人スマートサイド　代表行政書士　横内　賢郎

漫画でわかる建設業許可取得の流れ（漫画：野村直樹）

○○設備工業
プルルルル プルルルル
はい ○○設備工業です
あ…田中さん いつもお世話になっています
社長 □□建設の田中さんからお電話です
田中さん？ いったい何の用件だろう？
もしもし 伊藤ですが…
○○設備工業社長 伊藤
えっ… 建設業許可が必要？
うちの会社に？
今までそんなこと言われたことなかったんですが…
しかも期限は再来月!?
重役会議
□□建設から連絡があって建設業許可を持っていない会社とは今後一切取引ができないと言われた
コンプライアンスの関係でどうしても必要らしい
そういうわけでうちの会社でも建設業許可を取得しようと思う

でも社長 建設業許可なんて どうやって取れば いいんでしょうか？
そもそも うちの会社が 取れるので しょうか？
総務責任者 木村
うう…
とにかく 顧問税理士の 先生に聞いて みるか
まずは顧問税理士に相談
取引先からの 強い意向で… しかも2ケ月後までに 必要なんです
先生のほうで何とか 手続きをお願い できないでしょうか？
うーん…悪いんだが今 決算で忙しくてのぉ
建設業許可は やったことねえし 無理じゃ
次に同業の友人に相談
林さんの会社が 建設業許可を 取った時は どうだった？
いや～もう本当に 大変だったよ あれ出せこれ出せって あとからあとから 書類が必要になって
いい加減にしろって 感じだったよ
結局取得するまで 1年以上かかったよ
ええっ 1年以上…

仕方なく都庁のホームページで申請書類を検索
こんなにたくさんの書類を出さなければならないのか？
手引きを読んでもわからない申請書類の書き方もわからない
どうすればいいんだ〜
建設業許可の取得はもうあきらめるしかないのかな…
社長そういえば…
建設業許可といえば税理士ではなく行政書士の仕事だと聞いたことがありますネットで探してみますか
行政書士？そういえば林さんもそんなこと言ってたな…
政書士法人スマート
社長見てくださいこの事務所
行政書士法人スマートサイドだって
本も出していてYou Tubeも…ホームページもとても見やすいわ
申請実績もいっぱいあります
しかもこの漫画まるでうちの会社のことを描いてるみたいだな
行政書士法人スマートサイド
経験豊富な行政書士が
許
経審
入札
すべての手続きを代行！
建設会社の社長が読む手続きの本
1週間以内に建設業許可が必要な人が読む本

本も出版してるくらいだからきっとすごい先生なんだろう
思い切って有料相談を申し込んでみようじゃないか
そうしましょう
そして数日後二人はスマートサイドの事務所へ
取引先から突然建設業許可の取得を催促されまして…
それは大変ですねただそういった話はよくあるんですよ
相談に見える方の8割くらいがそういった状況にあるんです
年々コンプライアンスが厳しくなっていますので許可の取得が必要なようですね
行政書士法人
スマートサイド　横内
建設業許可を取得するには「経営業務管理責任者」と「専任技術者」の要件を満たす必要があります
経営業務管理責任者の要件
○取締役としての経験が5年
○個人事業主としての経験が5年
のいずれか
専任技術者の要件
○施工管理技士などの資格
○建築科などの特殊な学科の卒業経歴＋5年の実務経験
○10年の実務経験のいずれか

伊藤社長は「経管」「専技」の要件を満たしそうですか?
会社を設立して10年経つので取締役としての経験は5年以上あります
ですが工事の資格は持っていませんし特殊な学科の卒業経歴もありません
資格や特殊な学科を卒業していなくても10年の実務経験があれば専任技術者の要件を証明することは可能です
えっ
ということは…
取締役の経験は5年以上あるので「経管」の要件はOK
はい
続いて工事の実績も10年以上あるので「専技」の要件もOK
ということでよろしいですね
これなら建設業許可を取得することができそうです
ぜひ手続きをお願いいたします

伊藤社長から
建設業許可取得の手続きを
正式にご依頼いただき
手続きを進める
申請書類に
不備はないですね
はいそれでは
都庁に申請に
行ってきます
○○設備工業の
存続がかかっている
頼んだぞ
はい
都庁
特に不備は
ありませんでした
受付いたします
そして
無事申請が
完了しました
ありがとう
ございます
先生の事務所の
おかげです
なんといってお礼を
言えばよいのか…
そして1ケ月後
ついに――
やったー
建設業許可証が
届いたぞー
やりましたね
社長
田中さん
御社のご要望通り
建設業許可を
取得しました
今後も取引継続で
お願いします
こちらこそ
思ったより早く
取得できたみたいで
安心しました

無事建設業許可が取れて良かったですね
はい 伊藤社長も木村さんも大喜びでした
○○設備工業
□□建設
○○設備工業と□□建設との取引が今後も継続しそうで本当に良かったです
建設業許可を取得するのは大変だから誰に頼むか？というのが非常に大事なんですね
そうなんです うちの事務所は建設業許可の取得を専門としています
だからこれからもたくさんの会社の許可を取得するために頑張らなければならないのです
建設業許可取得でお困りの方はぜひ行政書士法人スマートサイドまでご依頼ください
個別の有料相談
絶賛受付中！！
事前予約は
問い合わせフォームのみから可
次は御社が許可を取得する番です

〔巻末資料1　資格一覧〕

	建設業法																	
資格名	一級建設機械施工技士	二級建設機械施工技士（第一種～第六種）	一級土木施工管理技士	二級土木施工管理技士			一級建築施工管理技士	二級建築施工管理技士			一級電気工事施工管理技士	二級電気工事施工管理技士	一級管工事施工管理技士	二級管工事施工管理技士	一級電気通信工事施工管理技士	二級電気通信工事施工管理技士	一級造園施工管理技士	二級造園工事施工管理技士
				種別				種別										
				土木	鋼構造物塗装	薬液注入		建築	躯体	仕上げ								
土	◎	○	◎	○														
建							◎	○										
大							◎		○	○								
左							◎			○								
と	◎	○	◎	○		○	◎		○									
石			◎	○			◎			○								
屋							◎			○								
電											◎	○						
管													◎	○				
タ							◎		○	○								
鋼			◎	○			◎		○									
筋							◎		○									
舗	◎	○	◎	○														
しゅ			◎	○														
板							◎			○								
ガ							◎			○								
塗			◎		○		◎			○								
防							◎			○								
内							◎			○								
機																		
絶							◎			○								
通															◎	○		
園																	◎	○
井																		
具							◎			○								
水			◎	○														
消																		
清																		
解			◎	○			◎	○	○									

	建築士法			電気工事士法		電気事業法	電気通信事業法		民間資格					水道法	消防法		
資格名	一級建築士	二級建築士	木造建築士	第一種電気工事士	第二種電気工事士（★）	電気主任技術者 一種・二種・三種（★）	電気通信主任技術者（★）	工事担任者（★）	解体工事施工技士	地すべり防止工事（★）	登録基礎ぐい工事	建築設備士（★）	一級計装士（★）	給水装置工事主任技術者（★）	甲種消防設備士	乙種消防設備士	
土																	以下省略
建	◎	○															
大	◎	○	○														
左																	
と										○	○						
石																	
屋	◎	○															
電				○	○	○						○	○				
管												○	○	○			
タ	◎	○															
鋼	◎																
筋																	
舗																	
しゅ																	
板																	
ガ																	
塗																	
防																	
内	◎	○															
機																	
絶																	
通							○	○									
園																	
井										○							
具																	
水																	
消															○	○	
清																	
解									○								

（★）は、免許交付後や資格証交付後に一定年数の実務経験が必要です。

〔巻末資料２　指定学科一覧〕

許可を受けようとする建設業	実務経験の証明が短縮される学科
土木工事業 舗装工事業	土木工学、都市工学、衛生工学、交通工学
建築工事業 大工工事業 ガラス工事業 内装仕上工事業	建築学、都市工学
左官工事業 とび・土工工事業 石工事業 屋根工事業 タイル・れんが・ブロック工事業	土木工学、建築学
電気工事業 電気通信工事業	電気工学、電気通信工学
管工事業 水道施設工事業 清掃施設工事業	土木工学、建築学、都市工学、機械工学、衛生工学
鋼構造物工事業 鉄筋工事業	土木工学、建築学、機械工学
しゅんせつ工事業	土木工学、機械工学
板金工事業	建築学、機械工学
機械器具設置工事業 消防施設工事業	建築学、機械工学、電気工学
熱絶縁工事業	土木工学、建築学、機械工学
造園工事業	土木工学、建築学、都市工学、林学
さく井工事業	土木工学、鉱山学、機械工学、衛生工学
建具工事業	建築学、機械工学
塗装工事業 防水工事業 解体工事業	土木工学、建築学

学科	具体例
土木工学	造園緑地科
	造園林科
	地域開発科学科
	治山学科
	地質科
	土木科
	土木海洋科
	土木環境科
	土木建設科
	土木建築科
	土木地質科
	農業開発科
	農業技術科
	農業土木科
	農林工学科
	農業工学科
	農林土木科
	緑地園芸科
	緑地科
	緑地土木科
	林業工学科
	林業土木科
	林業緑地科
建築学	環境計画科
	建築科
	建築システム科
	建築設備科
	建築第二科
	住居科
	住居デザイン科
	造形科
鉱山学	鉱山科
都市工学	環境都市科
	都市科
	都市システム科

学科	具体例
土木工学	開発科
	海洋科
	海洋開発科
	海洋土木科
	環境造園科
	環境科
	環境開発科
	環境建設科
	環境整備科
	環境設計科
	環境土木科
	環境緑化科
	環境緑地科
	建設科
	建設環境科
	建設技術科
	建設基礎科
	建設工業科
	建設システム科
	建築土木科
	鉱山土木科
	構造科
	砂防科
	資源開発科
	社会開発科
	社会建設科
	森林工学科
	森林土木科
	水工土木科
	生活環境科学科
	生産環境科
	造園科
	造園デザイン科
	造園土木科

学科	具体例
衛生工学	衛生科
	環境科
	空調設備科
	設備科
	設備工業科
	設備システム科
電気工学	応用電子科
	システム科
	情報科
	情報電子科
	制御科
	通信科
	電気科
	電気技術科
	電気工学第二科
	電気情報科
	電気設備科
	電気通信科
	電気電子科
	電気・電子科
	電気電子 システム科
	電気電子情報科
	電子応用科
	電子科
	電子技術科
	電子工業科
	電子システム科
	電子情報科
	電子情報 システム科
	電子通信科
	電子電気科
	電波通信科
	電力科

学科	具体例
機械工学	エネルギー 機械科
	応用機械科
	機械科
	機械技術科
	機械工学第二科
	機械航空科
	機械工作科
	機械システム科
	機械情報科
	機械情報 システム科
	機械精密 システム科
	機械設計科
	機械電気科
	建設機械科
	航空宇宙科
	航空宇宙 システム科
	航空科
	交通機械科
	産業機械科
	自動車科
	自動車工業科
	生産機械科
	精密科
	精密機械科
	船舶科
	船舶海洋科
	船舶海洋 システム科
	造船科
	電子機械科
	電子制御機械科
	動力機械科
	農業機械科
電気通信工学	電気通信科

〔巻末資料3　建設業許可の29業種〕

NO	建設工事の種類	内容
1	土木一式工事	原則として元請業者の立場で総合的な企画、指導、調整の下に土木工作物を建設する工事であり、複数の下請業者によって施工される大規模かつ複雑な工事
2	建築一式工事	原則として元請業者の立場で総合的な企画、指導、調整の下に建築物を建設する工事であり、複数の下請業者によって施工される大規模かつ複雑な工事
3	大工工事	木材の加工若しくは取付けにより工作物を築造し、又は工作物に木製設備を取り付ける工事
4	左官工事	工作物に壁土、モルタル、漆くい、プラスター、繊維等をこて塗り、吹き付け、又は貼り付ける工事
5	とび・土工 コンクリート工事	イ足場の組立て、機械器具・建設資材等の重量物の運搬配置、鉄骨等の組立て等を行う工事 ロくい打ち、くい抜き及び場所打ぐいを行う工事 ハ土砂等の掘削、盛上げ、締固め等を行う工事 ニコンクリートにより工作物を築造する工事 ホその他基礎的又は準備的工事
6	石工事	石材（石材に類似のコンクリートブロック及び擬石を含む。）の加工又は積方により工作物を築造し、又は工作物に石材を取り付ける工事
7	屋根工事	瓦、スレート、金属薄板等により屋根をふく工事
8	電気工事	発電設備、変電設備、送配電設備、構内電気設備等を設置する工事
9	管工事	冷暖房、冷凍冷蔵、空気調和、給排水、衛生等のための設備を設置し、又は金属製等の管を使用して水、油、ガス、水蒸気等を送配するための設備を設置する工事
10	タイル・れんが ブロック工事	れんが、コンクリートブロック等により工作物を築造し、又は工作物にれんが、コンクリートブロック、タイル等を取り付け、又は貼り付ける工事
11	鋼構造物工事	形鋼、鋼板等の鋼材の加工又は組立てにより工作物を築造する工事
12	鉄筋工事	棒鋼等の鋼材を加工し、接合し、又は組み立てる工事
13	舗装工事	道路等の地盤面をアスファルト、コンクリート、砂、砂利、砕石等により舗装する工事
14	しゅんせつ工事	河川、港湾等の水底をしゅんせつする工事
15	板金工事	金属薄板等を加工して工作物に取り付け、又は工作物に金属製等の付属物を取り付ける工事

NO	建設工事の種類	内容
16	ガラス工事	工作物にガラスを加工して取り付ける工事
17	塗装工事	塗料、塗材等を工作物に吹き付け、塗り付け、又は貼り付ける工事
18	防水工事	アスファルト、モルタル、シーリング材等によって防水を行う工事（※建築系の防水のみ）
19	内装仕上工事	木材、石膏ボード、吸音板、壁紙、畳、ビニール床タイル、カーペット、ふすま等を用いて建築物の内装仕上げを行う工事
20	機械器具設置工事	機械器具の組立て等により工作物を建設し、又は工作物に機械器具を取り付ける工事※組立て等を要する機械器具の設置工事のみ。※他工事業種と重複する種類のものは、原則として、その専門工事に分類される。
21	熱絶縁工事	工作物又は工作物の設備を熱絶縁する工事
22	電気通信工事	有線電気通信設備、無線電気通信設備、放送機械設備、データ通信設備等の電気通信設備を設置する工事
23	造園工事	整地、樹木の植栽、景石の据付け等により庭園、公園、緑地等の苑地を築造し、道路、建築物の屋上等を緑化し、又は植生を復元する工事
24	さく井工事	さく井機械等を用いてさく孔、さく井を行う工事又はこれらの工事に伴う揚水設備設置等を行う工事
25	建具工事	工作物に木製又は金属製の建具等を取り付ける工事
26	水道施設工事	上水道、工業用水道等のための取水、浄水、配水等の施設を築造する工事又は公共下水道若しくは流域下水道の処理設備を設置する工事
27	消防施設工事	火災警報設備、消火設備、避難設備若しくは消火活動に必要な設備を設置し、又は工作物に取り付ける工事
28	清掃施設工事	し尿処理施設又はごみ処理施設を設置する工事
29	解体工事	工作物の解体を行う工事※それぞれの専門工事で建設される目的物について、それのみを解体する工事は各専門工事に該当する。※総合的な企画、指導、調整のもとに土木工作物や建築物を解体する工事は、それぞれ土木一式工事や建築一式工事に該当する。

著者略歴

横内　賢郎（よこうち　けんろう）

行政書士法人スマートサイド代表。
東京都出身。20歳の春から35歳の秋まで、15年間に渡って司法試験に挑戦するも10回の不合格。学習院大学法科大学院卒業後、派遣社員で食いつなぐも、30代半ばで、手取り10数万円という暗黒時代を経験。学生支援機構への要返済奨学金800万円を抱えたまま、たった50万円の開業資金で2014年行政書士登録。
不遇の時代の経験をばねに、「司法試験に10回落ちても行政書士で月商100万」を信念とし、個人事務所、社員採用、事務所移転、事務所法人化と成長。専門分野の研鑽はもちろんのこと、経営者としての才能も発揮。近年では、帝国データバンクに自社情報を掲載するなど、銀行取引を意識した事務所経営に力を入れている。2022年12月には、業務の合間を縫って、銀行融資診断士の資格を取得。関与先顧客数を増やし続け、常時100社以上の申請、届出、許認可申請を行う。2019年10月から、土日祝日関係なく毎朝始発出勤を1日の休みもなく継続中。
著書：『建設会社の社長が読む手続きの本』、『入札参加資格申請は事前知識が9割』、『はじめての方のための経営事項審査"入門書"』　いずれも パレード刊

橋本　亜寿香（はしもと　あすか）

行政書士法人スマートサイド　行政書士。
神奈川県出身。小学生と中学生の二児の母。会社員時代に今後の働きかたを憂慮し、行政書士資格の取得を決意。退職後約半年の勉強期間を経て試験合格。個人事務所で開業するも、主婦業・子育てに専念するため、行政書士業務から離れる。子供の小学校入学を機に、社会復帰を考え、行政書士法人スマートサイドに勤務。再度の行政書士登録を経て、許可申請業務を担当し、1年目にして十数社の建設業許可、産廃業許可を手掛ける。申請書類の正確さにおいては、代表以上の実力の持ち主。建通新聞にインタビュー記事が掲載されるなど、今後の活躍が期待される。

建設業許可をすぐに取得したいとき最初に読む本
～知識ゼロからでも安心、わかりやすい許可取得マニュアル～

2023年5月30日　初版発行

著　者　横内　賢　郎　© Kenrou Yokouchi
　　　　　橋本　亜寿香　© Asuka Hashimoto

発行人　森　　忠　順

発行所　株式会社 セルバ出版
〒113-0034
東京都文京区湯島1丁目12番6号 高関ビル5B
☎ 03（5812）1178　FAX 03（5812）1188
https://seluba.co.jp/

発　売　株式会社 三省堂書店／創英社
〒101-0051
東京都千代田区神田神保町1丁目1番地
☎ 03（3291）2295　FAX 03（3292）7687

印刷・製本　株式会社 丸井工文社

●本書の内容に関する質問はFAXでお願いします。

Printed in JAPAN
ISBN978-4-86367-817-0